中国建筑

阅国学馆【双色版】

冯慧娟◎主编

辽宁美术出版社

图书在版编目（CIP）数据

中国建筑 / 冯慧娟主编 . -- 沈阳 : 辽宁美术出版
社 , 2017.9（2019.6 重印）

（众阅国学馆）

ISBN 978-7-5314-7751-8

Ⅰ . ①中… Ⅱ . ①冯… Ⅲ . ①建筑史—中国 Ⅳ .
① TU-092

中国版本图书馆 CIP 数据核字 (2017) 第 234219 号

出 版 社：辽宁美术出版社
地　　址：沈阳市和平区民族北街 29 号　邮编：110001
发 行 者：辽宁美术出版社
印 刷 者：三河市燕春印务有限公司
开　　本：787mm×1092mm　1/32
印　　张：5
字　　数：94 千字
出版时间：2017 年 9 月第 1 版
印刷时间：2019 年 6 月第 2 次印刷
责任编辑：孙郡阳
装帧设计：彭伟哲
责任校对：郝　刚
ISBN 978-7-5314-7751-8

定　　价：25.00 元

邮购部电话：024-83833008
E-mail：lnmscbs@163.com
http：//www.lnmscbs.cn
图书如有印装质量问题请与出版部联系调换
出版部电话：024-23835227

前 言

中国古代文献记载，华夏先民，最初是穴居和巢居的。到了7000年前，河姆渡人懂得了用木构件。到半坡文化时，房屋结构已经有了现代建筑的影子。半坡文化之后，秦朝阿房宫的修建已初显中国建筑雏形。

中国建筑有以下特点：一、"合院式"的建筑布局，反映了以儒释道为代表的传统思想观念；二、通过整体来展现优势，北京故宫8707间房屋的规模即是代表；三、中国是木建筑的王国。木结构不易保存，因此留下来的经典木建筑很少。

因为"法先王之法"的传统，中国建筑最终形成了独特的建筑体系，并与西方建筑、伊斯兰建筑鼎足而立，成为人类共同的精神财富。

一位伟人曾说："建筑是历史的纪念碑"。的确，回顾中华民族的建筑史，就是回顾中华民族的发展史。现在就让我们打开这本书，一起在建筑史中徜徉吧！

目录

目录

目录

大兴「土木」
缘何无「石」

大兴"土木"，缘何无"石"

——中国建筑的材料

　　古代中国是木建筑的王国。在距今 7000 年的河姆渡文化遗址，人们便发现了木制构件的遗痕。尽管后世帝王们大都热衷于"大兴土木"，兴建了无数宏伟壮丽的宫殿，然而遗留至今的不过是凤毛麟角。那么，我们的祖先为何对木材情有独钟，而古代西方人为何更青睐石块？除木材外，其他建材，如土、砖、石、瓦、金属等又分别扮演了何种角色？就让我们带着这些疑问，来揭开中国建筑的神秘面纱吧！

中国建材的"大当家"——木

◎木与石——中西建筑的不同抉择

　　去过希腊、意大利、英国、法国等西方国家旅游的人，一定都会对那里的古典建筑留下深刻印象，尤其是那一座座耸入云天的大教堂。而这些宏伟的建筑，绝大多数都是用石材建造的。除西方建筑之外，印度建筑和伊斯兰建筑也都是以砖石结构居多。唯独以中国为代表的东方（包括日本、朝鲜、越南等受中国影响的国家）建筑体系，千百年来一直是以木结构为主。古代中国，是当之无愧的"木建筑王国"。

很多人以为这一定是因为中国自古缺少适于建筑的石料的缘故，但实际情况并非如此。砖石（尤其是砖）一直是中国传统建筑中的重要角色，只是从来不曾担任过主角。在宗教气氛浓厚的西方，人们用石头砌造他们心目中最神圣的教堂。而在中国，这些石头长期以来只用于建造台基、栏杆和铺设路面，支撑房屋和巨大屋顶的，一直是木材。

那么，西方的建筑材料缘何以石料为主，而我们的祖先又为何对木材情有独钟呢？是因为中国多良木而西方多佳石吗？

现代地理学研究告诉我们，实际情况也并非如此。尽管我国的商、周、秦、汉历朝都定都在黄土高原，并进行过大规模的宫殿建设，但黄土高原上除了少数地区外，森林资源并不丰富。一个并不盛产木材的国度，却发展起庞大的木结构建筑体系，实在令人费解。而在以砖石建筑为主的某些西方国家，古代的森林覆盖率非常之高，但木材在它们那里的建筑体系中，却与砖石在中国建筑体系中的地位一样。由此看来，造成中西建筑在主要材料上的差异，还有其他更深层的原因。

◎ 现世为重——木头当家的奥妙

先让我们把目光投向西方。西方所处的地域纬度较高，气候不像亚洲那样温和。而且西方人不如华夏先民对天象了解得多，对风雨雷电等自然现象有一种强烈的畏惧心理。因此，他们很早以前就建筑厚重的石墙以遮蔽风雨，同时还将最理想的石构建筑用于宗教目的，供奉给神，以祈求神的护佑，赐给他们风调雨顺的好天气。也就是说，西方的石构建筑产生于两个根深蒂固的观念：一是为遮蔽，二是为奉神。因此，西方人对建筑物的要求：一是要坚固厚实，二是要传之久远。能满足这两个条件的建筑材料，在钢铁尚属稀缺之物的古代，自然是以石材为佳。西方建筑的这个特点，使得它们许多的经典建筑都流传至现代，令世人可尽情领略其震撼人心之美，如帕提农神庙、万神庙、斗兽场、科隆大教堂、圣彼得大教堂、巴黎圣母院等等，均是西方石头建筑的不朽佳构。

相比之下，中国古代木构建筑就没如此幸运了。一方面，木材的寿命不像砖石那样恒久；另一方面，更有怕火的致命缺点。因此，虽然我们的祖先发明了许多保护方法，但仍然不能让历史上绝大多数经典建筑流传下来。唐代以前的传统木构建筑基本都已湮没无闻，如今，我们只能根据历史资料，在头脑中再现唐代以前那一座座美轮美奂的木构奇观。尽管如此，如果单从纯粹建筑技术观点而论，并不能说木结构比砖石结构低劣，因为木结构的优点正是石结构的缺点，反之亦然。

与西方教堂建筑恨不能高达天庭不同的是，华夏先民们似乎更喜欢将建筑与自然环境相结合，布局向平面方向发展，以单层建筑为主，除佛塔以外，高层建筑较少。解决单层建筑的结构问题，木材最为灵活自如。先民们似乎还受到一种传统观念的影响，对建筑的坚固程度采取相对的态度，即在使用期内的坚固，并不要求建筑物千年不朽。不仅如此，他们甚至还希望建筑易于改造，好用来满足新的使用要求（唐代尤其热衷于此种"改造"，唐以前建筑的湮灭与此不无关系）。

这样一来，木结构建筑在节省材料、劳动力和施工时间方面，比石头建筑优越了许多。在施工时间上，同时代、同规模的中国建筑比西方建筑不知快了多少倍。西方大多数古代经典建筑，无不经历了数十年、甚至上百年的建造过程。而在中国，像北京紫禁城那样规模宏大、举世无双的建筑群，营造过程也不过十几年时间。因此，与西方石头建筑相比较而言，中国木结构建筑更省时省力，更具实用性。

既然中国建筑最初选择了木头作为"大当家"，自然就走上了与西方建筑截然不同的道路。用一位西方人的话来说就是："我们（西方人）占据了天空的一角，而他们（中国人）却占据了广阔的大地。"

建筑材料的先驱——土

中国建筑虽然以木材为主流，但实际上，中国建筑自远古以来就遵循土、木、砖、石并举的用料原则。现代人对砖、石可能并不陌生——我们引以为傲的明长城，就是砖石建筑的杰作。然而对于土的印象，可能就有点儿模糊不清了。其实，和木材一样，泥土也是建筑材料的先驱之一。不过，这里所说的"土"，与现代的混凝土不同。在古代，用作建材的土大致可分两种：自然状态的土称为"生土"，而经过加固处理的土被称为"夯土"，其密度较生土大。

旧石器时代的黄河流域有广阔而丰厚的黄土层，因其土质均匀，且含有石灰质，所以有壁立不易倒塌的特点。于是人们挖土为穴，过上了穴居的生活，并把洞穴作为自己的安身立命之所。发展到了原始社会晚期，竖穴上覆盖草顶的穴居成为黄河流域氏族部落广泛采用的一种居住方式。由此来看，我们的祖先对于泥土的认识，并不比对木头的认识来得晚。

随着原始人营建经验的积累和技术的不断提高，穴居从竖穴逐步发展到半穴居，最后又被地面建筑所代替。然而以泥土作为建材，并非中国的独创。公元前4000年左右，两河流域的苏美尔人就开始使用芦苇和泥土建造茅屋，后来在两河流域广泛使用的泥砖，就是从那时起源的。

我们的先民在建筑中使用土，不知始于何时。但有考古资料表明，早在新石器时代龙山文化的晚期，先民们就已经掌握夯筑技术并开始使用泥土块砌筑墙体了。当时，人们所用的砌块尚未采用模型制作，只是一块块地拍打而成或摊成大块泥片切割而成。近代，民间建筑还有切割潮湿地皮，晒干使用的做法。这种简单的处理方式启示了商代"墼"的发明，进而引起了墙体结构的变革。所谓"墼"即预制夯土块，其制作是在小木框内填土夯实，拆框即成一墼。考古人员曾在安阳小屯殷墟发现土墼残块。这种墼经火烧制后，其硬度可与石块媲美，它预示了砖的产生。不过，此时距离砖的诞生大约还有千年之久，在建筑方面仍然是土木的天下。

从古代与建筑有关的文字可以看出，"室""堂"等汉字下面，都有一个"土"字，似乎意味着早期的房屋是建在土台之上的，事实也的确如此。有考古材料证实，商、周、秦、汉时期，重要建筑的高大台基都是夯土筑成，宫殿台榭亦是以土台作为建筑基底，可以说，我国古代的夯土技术是非常发达的。孟子曰："舜发于畎亩之中，傅说举于版筑之间……"——这里的"版筑"，就是指夯土技术。

除了用作墙壁、台基等房屋建筑之外，夯土技术还有一项卓越的贡献，那就是秦代的长城。我们今天所熟悉的长城基本都是砖石的，不过那已是明代重修的长城，秦代的长城是用夯土建筑的。从现在临洮北边的秦长城遗址可以看出：最下一层是生土，生土上有一层压得非常坚实的黄土，黄土上筑起有夯土层的城墙，夯土层为黄色黏土夹碎石。这虽是早期的夯筑办法，却创造了人类建筑史上的奇迹。

夯土技术历代均有发展。到了唐代，夯土的应用范围除一般城墙和地基外，长安宫殿的墙壁也用夯土筑造。比如唐代长安大明宫的麟德殿，殿身两侧的山墙就是由约4米厚的夯土墙构成，殿两旁的高台亭榭，也是以夯土筑造，外面包砌了砖墙面。说明这种土筑墙体与台座的做法，在当时十分普遍。明清时期，夯土技术有了更高的成就，在民间广泛使用。福建、四川、陕西等地有许多建于清代中叶的三四层梯房采用夯土墙承重，内加竹筋，虽经历地震仍极坚固。这些建筑的一个重要特点是冬暖夏凉，因而可以节约能源；此外也能节约建筑材料，不会造成环境的污染与破坏。

和木材一样，夯土在中国古代建筑中占有重要地位，古代的都城和宫城可以在一两年之内建成，就地取材的夯土作业居功至伟。因此，古代土、木并提，称大规模的建筑活动为"大兴土木"。

◎石

在西方建筑史上地位显赫的石材，在中国古代建筑中虽然多屈居配角，但同样是一种重要的建筑材料。可以说，如果古代建筑没有石材的参与，至少我们在建筑考古上的成果将大打折扣。毕竟，石材的寿命要比木材长很多，这一点前面已经讨论过了。

中国古代有意识地使用石材，始于封建时代初期，当时主要用于陵墓之中，在"秦陵汉墓"的遗址中就有大量实例。后来，石材又被广泛应用在佛塔等高层建筑上。由于石材表面可做细致的雕饰（石头上的雕饰与木头上的雕饰感觉可大不一样），因此在基座、陛石、石柱等处成为美化建筑装饰的突出部位。例如木柱立于地面上，为了扩大接触面以增加承载能力而在柱根设置础石。因早期木构建筑的木柱置于地下，础石是埋在地中，仅用粗糙的大块卵石即可。自汉代以后，建筑木构架上升到地面以上，础石亦随之浮出地面，础石表面的加工成为室内装饰的重要部分。唐代的覆莲柱础、宋代的缠枝花卉柱础都是体现当时建筑风格的标志之一。

建筑台基也是应用石材的重要部位。初期的夯土台多用砖包砌，重要建筑物的阶沿及台角加用石条，以后发展成全用石材包砌。到了唐宋时期，由于佛教的传播，形成了须弥座式的台基，这种台基由数层石条（或砖条）垒砌而成，在上面雕饰着大量的纹样作为美化建筑外观的手段。至于华表、石像生、望柱、经幢等单独的石材雕饰品，更为古代建筑的美化增添了光彩。

石材的种类很多，其用途各有不同。明清时期，北京地区所用石材即有青石、青白石、青砂石、豆渣石、紫石、豆瓣大理石、艾叶青石、汉白玉等十余种之多，而最具特色的当属汉白玉，其质地及色彩在石材中极为突出，故被称之"玉"。

石雕龙纹

汉白玉是一种纯白色的大理石，主要由一种叫方解石的矿石组成，化学成分是碳酸钙。产地在北京房山县大石窝，矿脉供采掘已达千年。此外河北曲阳、安徽凤阳也有出产。宋人杜绾所著的《云林石谱》中就提到过它，"燕山石，出水中，名夺玉，莹白坚而温润，土人琢为器物，颇似真玉"。这就证明宋代人已发现了它的装饰价值，不过尚未用作建筑石材，仅雕制为小件器物。明清以来，汉白玉成为宫殿及帝王陵寝的专用材料，因其材料性柔而易琢，故可雕镂成各种精细的图案。汉白玉也大量应用于台基须弥座上，与黄色琉璃瓦的屋顶、铁红色涂染的墙壁形成明清宫廷建筑典型的颜色配比，具有纯净、热烈、庄重的色彩特征。汉白玉洁白无瑕，单独使用更具有独特的感染力，这方面最成功的实例为明十三陵的五间六柱十一楼的大石坊，其通体洁白，在蓝天的衬托下，愈加显得崇高肃穆。

◎ 砖

砖的发明是建筑史上的重要成就之一。在中国传统建筑中，砖早期主要用于建造墓室，后来则主要用于砌筑墙壁。砖结构是除木结构以外，中国古代建筑采用的最多的建筑方式。而在很多木结构建筑当中，也有不少是砖、木混用的。

中国古代砖的应用始于战国时期，当时仅用于砌筑筒壳状的墓室。到了秦代，砖的制作技术已相当成熟，在秦咸阳一号宫殿遗址，曾发掘出作墓壁、底长1米、宽0.3—0.4米的大块空心

东汉辎车画像砖

砖，同时还发现有用于装修的画像砖。秦始皇陵东侧的俑坑中也有砖墙，砖质极为坚硬。到了汉代，制砖技术进一步提高，空心砖的外形尺寸比秦朝时更大，其外形不仅规整，壁厚也相当均匀，且敲击时发出金属声。装修用砖的品种与艺术水平也有较大的改进，现代发掘出的汉代画像砖数量最多。在汉代，砖也主要用于陵墓中，作为砌筑穹隆的材料，在一些宫殿和宗庙建筑中也用方砖墁地。

秦汉时期的画像砖非常有名。它是一种表面有彩绘或雕刻图像的建筑用砖，主要用于装饰宫殿或墓壁。画像砖的出现，源于战国末期出现的"雕墙"壁画艺术。它是在秦汉"事死如事生"的厚葬风气下，将壁画以画像砖的形式施于墓葬装饰的一种表现。迄今为止，发现的最早的画像砖，是出土于陕西咸阳等地的秦代遗物。秦代流行的大型空心画像砖，其主要用于铺砌宫殿踏步。西汉画像砖略有发展，以长安、洛阳两地发现者为代表。至东汉，画像砖开始在四川等地大量出现，并一直延续到南北朝才走向衰落。与秦代不同，汉代主要流行较小的实心画像砖，其内容以表现现实生活、神话故事以及自然景物为主，题材非常广泛。它的制作工艺也摈弃了用程式化的小印模临时拼组的手法，大都是整模地印制故事情节的画像。

魏晋南北朝时期，砖的应用范围有所扩大，开始走出地下，用于砌筑地上的建筑物，如用于砌筑佛塔、城墙等，但数量并不多。到了唐代，砖已开始普遍运用于佛塔建筑中，但宫殿、寺庙的墙壁主要还是用夯土砌筑。北宋的《营造法式》中有"砖作"部分，记述了砖的各种规格和用法，用砖砌筑

（秦）夔纹大瓦当

台基、须弥座、台阶、墙壁等工程。不过，在用砖砌墙时，《营造法式》规定，房屋墙壁的下部用砌砖，而上部仍要用夯土砌筑。直到元代，房屋才开始全部用砖砌墙。明代由于生产工艺得到改进，砖开始普遍用于各种建筑，宫廷建筑和民间建筑的墙壁，很多都是用砖砌筑。明代还以砖石为主要材料，重修了万里长城。

　　砖在建筑物中应用部位最多的是墙壁。用砖砌筑的墙壁，根据其位置、功能的不同，又可分为山墙（砌在房屋左右尽端的砖墙）、檐墙（沿檐柱砌筑的砖墙）、槛墙（窗下面的矮墙）、院墙和围墙（分隔庭院和围护总体庭院的界墙）等种类。砖也用于铺设地面，这种工艺称作"墁地"，墁地既可用于室内和廊内，也可用于庭院内的甬路，或沿房屋周围铺墁向外微带坡度的"散水"，以免雨水浸泡房基。

　　砖要发挥作用，离不开浆。早期砌砖用泥浆，大量出土汉墓以及北魏嵩岳寺塔、西安唐代荐福寺塔等都是用泥浆砌砖。现存南宋砖石塔已用石灰泥浆砌筑。宋代还有用糯米汁调白灰浆砌城墙的记载。明清建筑砌砖则用白灰浆或白灰泥浆，重要建筑也用糯米白灰浆。

◎ 瓦

瓦是屋顶施工当中必不可少的材料，鉴于屋顶在中国传统建筑中的特殊地位，瓦的作用自然不容小觑。

瓦产生于西周初期。在西周之前，宫殿建筑的屋顶都是用茅草覆盖，其防水性能极差。瓦发明以后，因其优点，很快就取代了茅草，成为覆盖屋顶的主要材料。当时的瓦都是陶制的，有板瓦、筒瓦、半圆瓦当和脊瓦等品种。战国时期，宫殿建筑的屋檐开始使用圆瓦当。

瓦的出现，带来了屋顶的深刻变革。但是，普通的陶瓦质地较粗糙，吸水性强，每逢雨天，雨水就从粗糙的瓦面渗入，瓦片不仅容易漏雨，重量也随之增加。这样，陶瓦的重量随着天气变化时轻时重，危及房屋承重的稳定性。因此，在较高级的建筑中，陶瓦逐渐被更贵重的琉璃瓦所取代。历史上自北魏开始，宫殿建筑就已经用上了琉璃瓦。琉璃瓦采用浇釉的手法上釉，有釉的一面光滑不吸水，具有良好的防水性能，可以保护木结构的房屋。宋代以后，从美观的角度出发，宫殿屋顶又开始使用各种彩色的琉璃瓦。

明代制瓦工艺和技术有了长足的发展，宫殿建筑普遍应用彩色琉璃瓦，瓦和瓦饰的规格、品种也开始标准化。明清宫廷建筑的屋脊上，还有多种多样的装饰瓦件，主要包括正吻（正脊两端的瓦件）、垂兽（垂脊下端的瓦件）、走兽（脊端的小瓦兽）等。这些瓦件只限用于宫殿、坛庙、王府、寺庙等建筑。不看屋顶的形制，仅从这些小瓦件的规格上，也不难看出建筑物的地位。

重要的附属材料——金属

在我国古代建筑的发展过程中，除了土、木、砖、石这几大材料之外，金属材料也在建筑中发挥着一定的作用。但是，它们一般只作为加固构件和附属构件，不能用来代替木构架中的主要构件。当然，古代也有一些以金属为主要材料的建筑，比如建于宋代的玉泉铁塔，便全部由生铁建成。不过，在古代类似于这样的例子是凤毛麟角的。在木结构建筑中，金属构件的使用十分常见。在使用这些金属构件时，也采用了与木构件一致的、实用与艺术处理相结合的原则。

考古资料显示，早在3000多年前的殷墟遗址中，就有青铜柱质的实物例证。到春秋战国时期则发现了瓦钉、椽钉，更有制作华美的铜钲、铜铺首、铜合页等既实用又兼顾装饰的金属构件。秦汉以来，重要建筑大都有所谓的"玉阶金柱"，实际是用铜片包裹，并镌刻花纹，嵌以珠玉作为装饰的一种柱子。有的古代建筑，还在屋顶上安装铜质凤鸟以测风向。

南北朝时期，随着佛教的兴盛，佛塔上开始使用铜质的塔刹。洛阳著名的永宁寺塔，除铜塔刹之外，更有风铎、门钉、铺首等，集中了前一时期所创造的金属构件，表明金属构件在木结构建筑中的使用，已达到了一个新的水平。

到了隋代，不仅在木结构建筑中使用金属构件作为加固或装饰构件，而且在石结构的桥梁（如著名的赵州桥）中，也大量使用一种称为"腰铁"的铁锭，加强券石的连接。唐代又在位于高山的建筑中创造了铜瓦，以抵御狂风对建筑瓦顶的破坏。

在宋代李诫编著的《营造法式》一书中，详细列举了木作、瓦作、石作等方面使用金属构件的部位、名称、尺寸、重量等，这充分说明了当时金属构件在各种建筑中使用的普遍。元代以后，由于大量的包镶柱、拼合梁的出现，更导致了铁箍、铁钉的大量使用。石结构中的铁叶、腰铁等也成了必不可少的加固构件。

明、清两代在使用金属构件时，凡铜质构件，多用于容易表现装饰的部位，如铜兽面铺首以及铜瓦兽件、铜宝顶。凡纯属加固构件，如钉、箍等则全用铁构件。在明、清两代，那些显示豪华富丽的镏金铜构件，尤其在清代乾隆时期，达到了极高的艺术境界。

九层之台
起于垒土

九层之台，起于垒土

——中国结构

东西方在主要建筑材料上的不同抉择，导致两者很早就在建筑结构方面大相径庭。西方建筑大都是先打好地基，砌好外墙，最后封顶，施工顺序是从下往上。中国建筑则不然，它是先立起木架，安上大梁，然后从上往下施工。中国建筑的"三分法"，即台基、墙身、屋顶三部分之中，庞大的屋顶始终是其精华所在，而富有民族特色的斗拱、柱子、大门、建筑小品等，也充分展现了中国建筑的巨大魅力。

房屋的脊梁骨——建筑结构综述

◎ 四种木结构体系

中国的房屋建筑主要采用以木构架为主的骨架结构体系。在房屋建筑中，木构架好比动物的骨骼，对整个身躯起支撑作用，而墙壁装修犹如附在骨上的皮肉，只是起防风寒、隔内外的防护作用。正因如此，古代建筑的施工顺序与近代建筑中的砖木结构的施工顺序有所不同，它不是先砌墙再上梁，而是在木架立起之后从上向下做，先做屋顶后做墙身。这种房屋结构的基本原则，大概在3000多年前的奴隶社会就形成了。后来经过历代的不断完善，形成了一整套完整的体系，并一直沿用至今。

中国历史上的木结构方式，大致可分为抬梁式、穿斗式、井干式和干栏式四种类型。

在中国古代所有木结构方式中，抬梁式构架是最重要、应用最广泛的一种。

考古资料表明，氏族社会时期的房屋已经开始使用"大叉手"屋架。所谓的"大叉手"，是指一种由横梁和斜置的木件——叉手组成的人字形屋架。这种屋架虽结构简单，但由于屋面荷载过重，水平推力常造成墙体外倾，后来就增加了联系梁，即在各柱之间用横梁拉住，整体上构成了框架。到了商周时期，在高大宫殿的建造中，联系梁成为不可或缺的构件。后来，由于建筑跨度的进一步加大，大叉手屋架已不能满足稳定性的要求，就在联系梁上设立短柱以加固顶部节点的支承。这种短柱，在古代称为"梲"。梲的出现，使原本起固定作用的联系梁转变为承重梁，不但增强了框架结构的整体性，而且还承受着上部传来的荷载。大叉手屋架亦随之迈开了向抬梁式屋架过渡的第一步。进而大梁之上承梲，梲上置栌斗以承梁，后世所称的抬梁式构架就初步形成了。

采取抬梁式构架建成的建筑，大致说来，是先在地上筑土为台，台上再安石础、立木柱，然后在柱上安置梁架。梁架与梁架之间用"枋"连接组成一"间"，也即前后四柱之间称为一"间"。梁上置短柱，短柱上再承梁，梁的两端承檩（架在房梁上托住椽子的横木）。如此层叠而上，在最上层梁的中央安置短柱以承托屋顶的荷载，这样便形成了"骨架"，亦即现代所谓的框架。墙体则是填空墙，不承重，古代有"墙倒屋不塌"之说。柱与柱之间安装门窗，大小自由，可灵活处理。

抬梁式构架是我国数千年来骨架结构的基本法则，最迟在春秋时就有运用。目前所见最早的图像是四川成都出土的东汉庭院画像砖。到了唐代，抬梁式构架发展成熟，并出现了以山西五台佛光寺大殿和山西平顺天台庵正殿为代表的殿堂型和厅堂型两种类型。殿堂型建筑内、外柱同高，柱头以上为一水平铺作层，再上面即为贯通整个房屋进深方向，随屋面坡度叠架的梁。厅堂型构架内柱升高，没有贯穿房屋进深方向的大梁，在柱间使用较短的梁叠架起来。这两种类型在宋代建筑专著《营造法式》中都有详细的说明。

穿斗式构架以柱直接承檩，没有梁，原作穿兜架，后简化为"穿斗架"。由于没有承重梁的缘故，与抬梁式相比，穿斗式的柱径较细，柱距较密，所以空间不够宽敞。但穿斗式构架用料较少，建造时可先在地面上拼装成屋架，然后竖立起来，具有省工省料的优点。同时，密列的立柱也便于安装壁板和筑造夹泥墙。目前在长江中下游各省，还保留有大量明清时代采用穿斗式构架的民居。

井干式构架是一种不用立柱和大梁的房屋结构。它直接以圆木或矩形、六角形木料平行向上层层叠置，在木料端部的转角处交叉咬合，形成房屋四壁，有点儿像古代井上的木围栏。四壁形成以后，再在左右两侧壁上立矮柱承脊檩以构成房屋。中国商代墓椁中已应用井干式结构，汉墓仍有应用。目前所见最早的井干式房屋的形象和文献都属汉代。在云南晋宁石寨山出土的铜器中就有双坡顶的井干式房屋。但井干式结构需用大量木材，在绝对尺度和开设门窗上都受很大限制，因此通用程度不如抬梁式构架和穿斗式构架。

干栏式构架主要用于潮湿地区。其主要特征是将房屋的底层用较短的柱子架空，柱端上铺木板，形成室内的地面，地板之上架设类似穿斗式结构的木构架。再在木构架上铺设椽子与挂瓦，在云贵少数民族地区，还有草葺屋顶的形式。干栏式结构的历史与中国古代木结构的历史一样久远。早在距今7000年前的河姆渡遗址上，就已经使用了带榫卯联结的干栏式建筑的形式。今天，云南傣族用竹子搭建底层架空的竹楼，在结构原理上，与这种木造的干栏式构架十分相似。

◎ 榫卯联结工艺

中国的木建筑构架的组成元素一般包括柱、梁、枋、垫板、衍檩、斗拱、椽子、望板等基本构件。这些基本构件是相互独立的，需要用一定的方式联结起来才能组成房屋。在中国建筑中，原则上采取榫卯联结的方式，必要时也会使用铁钉。

榫卯，是在两个木构件上所采用的一种凹凸结合的联结方式，其中凸出部分叫榫（或"榫头"），凹进部分叫卯（或"榫眼""榫槽"）。这是我国古代建筑、家具及其他木制器械的主要结构方式，若榫卯使用得当，两块木结构之间就能严密扣合，达到"天衣无缝"的程度。尽管榫卯是建筑内在的结构技术，且一般并不为人所注目，但它却是古代建筑工匠必须

具备的基本技能。工匠的手艺高低，通过榫卯的结构就能清楚地反映出来。据说，天坛祈年殿的木质结构就是全用榫卯联结而成，通体无一铁钉，可说是将榫卯工艺的特点发挥到了极致，其工匠建筑水平之高令人叹服。

鲁班锁

水平高超的榫卯联结，使木结构建筑的梁柱系统成为有弹性的整体框架，经受得起一般的外力，即使遇到较强的地震，仍能完整无损。中国古代的木结构建筑物如果不受战乱和火灾的影响，往往能够保存几百年，甚至千年以上，与其采用榫卯联结方式有很大关系。

比如，山西应县佛宫寺的释伽塔（俗称"应县木塔"）建成于辽清宁二年（1056）。据历史记载，此塔建成后的500多年中经历了七次大地震，但塔体结构依然坚固稳定，这说明用榫卯联结的传统木结构体系有极佳的防震性能。再如建于公元984年的天津蓟县的独乐寺观音阁，已经寿逾千年。1976年发生的唐山大地震毁坏了方圆数十千米内无数的钢筋混凝土和砖结构的房屋，而距离唐山震中仅50千米左右的观音阁却安然无恙，这都要归功于它有合理的结构设计和精确的榫卯联结工艺。

榫卯联结何以如此牢固呢？其实它也是在历史的发展中不

断演变而来的。榫卯工艺源远流长，最早可追溯至距今 7000 年以前的河姆渡文化时期。在对该文化遗址的发掘过程中，共出土带有榫卯的木构件上百件，都是垂直相交的榫卯，复杂的节点则仍然在使用捆扎的方法。在这些垂直相交的节点上所采用的榫卯工艺，堪称我国木构建筑史上的奇迹，对中国古典建筑的影响十分深远。经过后来漫长的实践、演进，榫卯日趋合理，才有了现在我们看到的精湛复杂的工艺。中国古代木构建筑能够发展成完备的体系，榫卯工艺实在是功不可没！

有意思的是，我国古代民间工匠为了将自己的榫卯工艺传诸后世，往往直接从建筑结构中切取一块构造，让自己的弟子学习，这种建筑构造逐渐演变成一种玩具——"鲁班锁"。"鲁班锁"由六根中间有缺口的短木组成，这些短木彼此间若搭配合理，就可以形成一个紧密的整体。清人所著的中国魔术奇书《鹅幻汇编》对鲁班锁颇多赞誉，称其为"益智之具"。

◎ 砖石拱券结构

在上述梁柱式的木结构体系之外，还有一种结构值得一提，那就是"拱券"结构。古代中国是木建筑的王国，因此梁柱式结构应用极为广泛，这一点与欧洲的砖石建筑体系大量应用拱券结构有所不同。

所谓的"拱券"，是一种用石、砖或土坯等块状建筑材料建成的承重结构，外形为圆弧状，其承重性能源于块料之间的侧压力。拱券结构除了竖向荷重时具有良好的承重特性外，还起着装饰美化的作用。在我们熟悉的西方建筑中，应用拱券技术的杰作比比皆是。早在古罗马时代，就出现了万神庙那样的旷世杰作，其巨大穹顶直径达 43.3 米，这个记录一直保持到近代。

受木材性能的局限，中国古代几乎不可能出现诸如万神庙那样的拱券杰作，但我国的拱券技术也有自己独特的发展源流与成就。

中国的拱券技术在早期主要运用于建造墓室，在西汉前期已用筒拱或拱壳穹隆建墓室，用券造墓门。后来陆续用于建拱桥、城墙、水门和造塔。中外闻名的隋代赵州桥就是我国石拱技术的杰作。这座桥的桥身是一道雄伟的单孔弧券，由 28 道并列的单券组成，跨度达 37.37 米。整座桥采用单跨肩式的结构形式，两边桥肩上各开两个小拱券，以备泄洪之需。这种设计非常科学，既减轻了桥梁的自重，又节省了建筑材料，还增加了过水流量，是当时桥梁建筑上的一大创举。

到了明初，我国出现了用筒拱建的房屋，上加瓦屋顶，内部没有采用梁架结构系统，而是建造成殿堂式样，故被称作无梁殿。无梁殿虽是砖石所砌筑，但在外观和细部装饰等方面则尽可能模仿中国传统的木构建筑，由此可见中国木构建筑传统影响之深远。

无梁殿的出现与它的防火、坚固耐久的特点有关，如北京的皇史宬就是存放皇室档案的无梁殿。但是，与木结构建筑相比，无梁殿的造价还是比较高，而且墙身过于厚大，实际使用面积几乎与砖墙所占的底面积相等，室内的采光效果相当差，施工中砖体的细部加工也十分麻烦。同时，中国传统的木构架建筑早已发展到标准化、规格化、艺术化程度很高的水平，没有必要费心费力去发展砖石结构的建筑。因此，无梁殿在中国没有得到很大的发展。据统计，中国现存的无梁殿仅有十余座。著名的无梁殿有北京的皇史宬、天坛斋宫、颐和园智慧海，南京的灵谷寺大殿，苏州的开元寺，山西的五台山显通寺，太原的永祚寺正殿及配殿等。

扎根于大地的部分——台基

台基，是房屋的地面基础。现代的砖石建筑，基础往往深埋于地下，而古代的台基则高耸于地面之上。台基发明之初，只是出于防水防潮的需要。早在穴居时代，人类就同危害健康的潮湿进行着不懈斗争。用夯土做成高出地面的房屋基座，正是一种相当有效的防潮措施，而这也是其上的木结构建筑所需求的。《墨子·辞过》在论及原始住房时，曾有以下言论："下润湿伤民""室高，足以辟润湿"，充分证明了早期台基的这一作用。

到了后来，随着台基不断地加高加大，原本只具有实用功能的台基开始显现出一种庄严的外观，在其上渐渐建起了所谓的"高台建筑"，并风行于整个奴隶社会和封建社会早期。

据文献考证，早在殷商时期，奴隶主的房屋就建在高台之上。春秋战国时，高台建筑达到高峰，故有"高台榭、美宫室"的赞美之词。如春秋晋国故都侯马遗址的土台至今犹存七米多高，台上柱洞痕迹仍历历可见。齐国都城临淄西南角，至今尚留有高达十四米的夯土台，据推测是宫殿的台基。

到了秦代，秦始皇倾全国之力营建阿房宫，尚未完工便毁于战火，其遗址现已查清，整座宫殿是建造在东西约一千米，南北约五百米的土台上，夯土较为密实，至今仍有八米多高。

由汉至唐，由于建筑技术不断提高，宫殿建筑本身就已显得气魄宏伟，因此高台之风渐衰。特别是唐代，低平的台基反而成为一时之风尚。国内保存完好的山西五台山佛光寺大殿（建于唐大中十一年），是我国唐朝中晚期的杰作，低矮的石砌平台，给人以亲切朴实之感。

六朝之后，随着佛教的大量输入，台基中最重要的一种形式——须弥座出现了。须弥座平面通常呈方形，上下宽，中间窄，此即所谓的"束腰"，周围通常用仰莲或伏莲装饰。须弥座源于印度佛教，象征佛教世界中心的须弥山，有独尊与稳固之意，因此须弥座上经常雕刻有佛像造型和佛教故事。由于须弥座非常适合于改造中国传统的台基，使之趋于美化，所以被完全吸收了进来，广泛应用于非宗教的建筑物上，如宫殿、寺庙、塔、华表、石碑上都经常可见到须弥座造型。

到了明代永乐年间，在北京相继修建了紫禁城奉天殿、天坛祈年殿和长陵祾恩殿，这三座最高等级的建筑物都以三重白石须弥座、钩栏为基座，把建筑物衬托得更加宏伟壮丽、造型庄严，成为建筑造型美的重要组成部分。在同样采取三重基座的做法中，工匠们还根据建筑本身的造型、布局及功能要求等，分别采用圆形（祈年殿）、矩形（祾恩殿）、工字形（奉天殿）三种不同的平面处理，避免了相互雷同，使之共同成为台基建筑中教科书式的作品。

除了基身以外，台基还包括两种必要的附属元素——台阶和栏杆。台阶和栏杆不仅具有实用功能，而且在美化台基外形上也起着不可或缺的作用。栏杆以它复杂多变的线条，使台基的外形变得丰富起来；又以那些雕刻精致的吉祥图案，使每一根望柱都成了精美的艺术品。一层层的台基，一层层的栏杆，它们构成的形状千变万化，令人惊叹。角度不同、方向各异的台阶，更以纵线条冲破横线条的层层垄断，从而使台基以上的部分与整个大地得以贯通，形成一个浑然不可分割的整体。

"墙倒屋不塌"的功臣——柱子

中国古代建筑的一大特点是"墙倒屋不塌"，这是由于中国古代建筑有独特的结构体系，即先用立柱和横梁构成骨架，然后做屋顶与墙身，在建筑物中起承重作用的主要是柱子，而墙壁只是起到隔断的作用。

说到柱子，很容易让人联想起闻名于世的"希腊柱式"。尽管古希腊人发展了完美的柱式理论，但到了古罗马人的手里，由于拱券技术的运用，柱子其实已经丧失了承重功能。在古罗马大斗兽场，那些精美的柱子居然被半嵌入墙内，成为一种装饰性的构件。

而在中国，柱子的作用却远非那么简单。除了支撑整个屋顶之外，柱子也是构成中国建筑基本单位"间"的要素，四根柱子组成的立体空间就是一"间"。此外，柱子的长短、粗细、装饰等还直接关系到整座建筑物的美观。

在中国建筑中，柱子很早就开始发挥承重作用。考古资料表明，早在商代的宫室中，就已有排列成行的柱网。这时的柱子基本上是一根经过简单加工的圆木。秦代出现了方柱并一直沿用到唐宋时代，然后又被经过精细加工的圆柱所取代。这些柱子根据作用的不同，分别被赋予不同的名称，比如屋檐下的一排柱子叫"檐柱"，紧贴檐柱里边的一排柱子叫"金柱"。此外，一座建筑中的柱子还有中柱、山柱、童柱等不同名称，这些柱子也各有各的用途。中国建筑的严谨和细致由此可见一斑。

古代对柱子的颜色很讲究，特别是大门两边柱子（楹）的颜色，它是房屋主人身份的一种标志。《礼记》云："楹，天子丹，诸侯黝，大夫苍，士黄主"，就是说，天子宫殿的门柱用红色，诸侯的门柱用黑色，大夫的门柱用灰绿色，有文化的人或辞官归故里者，门柱只能用黄色，等级是极其分明的。自春秋以后，"青琐丹楹"成为重要建筑物的着色标准。也就是说，建筑物的小构件涂青色，柱子涂红色已成为重要建筑物的一种标志。

中国建筑中的柱子最初由三部分构成，从下至上分别是柱础、柱身和柱头。柱础往往是石质的，其作用是防止柱身下沉和木柱的朽烂。柱身部分像希腊的石柱一样向上略微收缩而具有"弹性"，有的甚至也像帕提侬神庙那样向内微倾，以纠正视觉上的偏差。柱头原本是在柱和梁的接合处起过渡作用的一种构造，最早是斗形的，后来逐渐由单层发展为多层，由单向发展为多向，成为一种十分复杂和巧妙的构造。就这样，在柱头的这个部分，中国人渐渐摆脱了简单的梁柱承托方式，创造出了为东方所仅有的形式——斗拱。

随着斗拱功能性的加强，柱头部分实际上已经隐藏了起来，取而代之的是一种新的构件——雀替。相比于其他构件而言，雀替成熟得较晚。起初，它也是一种力学构件，后来被人们赋予装饰性的因素。于是雀替便如同一对翅膀，长在柱子上端的两侧，其图案与形状极富特色，变化无穷。此外，在柱子的上端还有一种联络与承重的构件，称为额枋。额枋是一个重要的装饰部位，人们往往在其上绘制鲜艳的彩画，起到很好的美化作用。

◎ 减柱、移柱与悬柱

要明确柱子的作用，需要先回忆一下我们前面提到的四种木结构形式：抬梁式、穿斗式、井干式和干栏式，其中在抬梁式、穿斗式中，柱子都是必不可少的构件。至于井干式、干栏式，由于这两种结构本身就少见，因此可以说在中国古代，如果没有柱子，房屋是很难建起来的，而且房屋建得越大，柱子自然就用得越多。古时候，在浙江东阳县有一户人家，整座宅邸的立柱数量居然达到上千根，于是主人给它取了一个响亮的名字，叫作"千柱落地宅"。

然而，屋内屋外的许多柱子虽然分散了屋架的重量，却也存在不少缺点。一方面是耗材巨大，一根立柱，基本就是一棵大树，盖一间房子光立柱就需要四棵大树，用今天的话来说，这也太不"环保"了。另一方面，柱子林立，也会影响室内的布局。如何将内部的柱子减掉，这成为一个大问题。宋、元时代在这方面进行了改革与创造。据当时的工匠们研究，用躯干粗大的树木作梁，架在立柱之上，就可以将中间的一些立柱减掉，由此产生了"减柱法"。有的建筑中还常将若干柱子移位，称为"移柱法"。

减柱法和移柱法虽然有一定的效果，但在梁架结构中，由于大梁也不能做得过分粗长，因此产生了一定的局限，减柱法和移柱法一直不能得到大的发展。到明清时，出于安全方面的考虑，这两种方法基本上就放弃了。

柱子既然是房屋中承重的构件，自然应该是落地的，然而中国却有一座神奇的悬柱建筑，那就是位于广西容县的唐代建筑——真武阁。

真武阁外形呈塔状，是一座独具风格的木构建筑。全阁不用一件铁器，而是使用了近3000条大小不一的坚如石质的

广西容县真武阁

铁黎木构件，用榫卯方式进行联结，合理而协调地组成一个十分优美、稳固的统一整体。最令人惊叹的是，它那些柱子的柱脚居然是悬空不落地的。它的方法是在悬空柱上，分上下两层用十八根枋子（拱板）穿过檐柱，组成两组严密的"杠杆式"的斗拱，拱头托承外面宽阔的瓦檐，拱尾托起室内的悬空柱本身，以檐柱为支点挑起来，这样两层楼上这四根内柱就悬空了。这样做的目的，据说是为了造成沉重的屋顶和屋檐之间的相对平衡。

"减柱""移柱""悬柱"，古代建筑师在柱子上做的文章还真不少，不过中国柱子的承重作用一直未变。随着斗拱的出现，柱子在整座建筑中的地位也变得更为重要。

中国建筑的独特语言——斗拱

斗拱是我国古代建筑中特有的构件，它密布于屋檐和平座回廊下面，造型别致，一层一层地向外挑出，有的还用青绿色的油彩装饰。可以说，斗拱是中国建筑最精巧、最华丽的部分，无论从技术角度，还是从艺术角度来看，它都足以代表中国古典建筑的风格和精神。

斗拱已有3000多年的历史，《论语·公冶长》中就曾提到"山节藻棁"。这里的"节"即指斗拱，"藻"是水草纹，"棁"是梁上立着的短柱。"山节藻棁"的意思就是累叠如山一样的斗拱和绘有水草纹的短柱。可见，早在春秋时期，斗拱便已出现且累叠如"山"了，已经脱离了雏形的简单状态。

和许多装饰性构件一样，斗拱最初是由于木结构建筑的实际需要才诞生的，它其实是柱子与梁架之间的过渡构件，主要作用就是扩大梁枋和柱头的接触面，从而加强梁架与柱头的联系，以承托中国建筑那高大厚重、出檐深远的屋顶。

要把斗拱的功能介绍清楚，似乎不是件容易的事情。比较来看，斗拱应该类似于今天载重汽车上的钢板弹簧。钢板弹簧的作用，概括来说，就是在车身与车轮之间建立起一种"弹性联系"。而斗拱的作用，则是在建筑的梁和柱之间建立起这种"弹性联系"。也就是说，有斗拱的房屋，其屋盖的荷重并不是直接由大梁落到柱子上，而是通过斗拱传到柱子上。那斗形的木块与肘形的曲木在柱头上层层叠加，在梁柱与屋檐之间搭起繁密有力的"骨架"，把立柱强大的托力逐层向上传递、扩散，布满上面每一个需要支撑的点，从而承受着屋檐与平座回廊的重量。

尽管斗拱起源很早，但与希腊柱式相比，斗拱算是晚熟的建筑语言，一直到盛唐才基本走向成熟。由于唐代建筑房基低矮、木柱粗短、屋顶平缓，硕大的斗拱占据了建筑最显眼的位置，把建筑结构的"筋骨"毫无遮拦地展露出来，木材的潜能被发挥到了极致。例如建于唐朝的山西五台山佛光寺东大殿，距今已千余年，它上覆单檐庑殿顶，檐下的斗拱、双层拱、双层昂共挑出两米多，若加上椽头瓦件，出檐竟深达三米左右，是我国现存古建筑中挑檐最远的。唐代的斗拱古朴、雄浑、率真，近似于希腊早期的多立克柱式的风格。

后来，我们的祖先改变了席地而坐的传统习惯。这种改变很快反映在建筑上，使之发生了巨大变化。建筑的柱身加高了，斗拱也不再像唐代那么雄壮有力，柱间的斗拱数量也逐渐增加。到了宋代，斗拱逐渐变得舒朗，开始像希腊中期爱奥尼柱式那样走向装饰化。或者说，这时的斗拱，其装饰意义已经超过它的功能意义了。

举例来说，河北省正定县的隆兴寺摩尼殿，是一座宋代建造的木结构大殿。整个大殿的上下内外共有斗拱达127朵，其中大多数又施以45°的斜拱，其构造之复杂令人眼花缭乱。

元代以后，斗拱直接承托屋顶的功能被挑檐檩代替，它的原始作用消失，完全演变为屋檐下的一条装饰带，密密丛丛，繁缛艳丽。原本无意于雕饰的斗拱，成了像希腊后期科林斯柱式一样的纯装饰性的"图案"。

如果说希腊柱式是西方建筑的"语言"，那么斗拱无疑就是中国建筑的"语言"。在中国建筑这部华美乐章中，屋顶和斗拱堪称其中最优美的两段旋律。

建筑之上的美丽冠冕——屋顶

斗拱发展的高潮结束之后，屋顶开始成为中国古典建筑艺术的绝对主角。重重错落的屋顶，构成了古代中国城市优美的天际线，成为塑造中国建筑形象的主要语言。从流传下来的宋画《滕王阁》《黄鹤楼》中，我们看到的简直就是富丽玄妙的屋顶交响曲。而南方一些城市，建筑的屋顶翘起更高，有意追求"万

故宫太和殿屋檐上的仙人走兽装饰

尖飞动"的意境。

在详细讲屋顶之前，应该先说说古代很早以前就流行的建筑"三分法"。所谓三分法，是中国建筑基本组成部分的划分方法，如北宋时期的建筑著作《木经》所说："凡屋有三分，自梁以上为上分，地以上为中分，阶为下分。"也就是说，上分是指屋顶，中分指屋身，下分指台基，它们构成了建筑的三大组成部分，清代工匠称之为"三停"。前面我们已经介绍了台基、柱子、斗拱，现在一下就跳到了屋顶，似乎独独忘却了屋身。那么，屋身在中国建筑中又有怎样的表现呢？

西方人习惯将建筑立面构图的重点放在屋身，正是屋身上那些优美的形状、杰出的雕塑和装饰，使建筑成为一件崇高的艺术品。然而在中国建筑中，屋身却一直比较平淡，除了柱子之外，其余可以说是一笔带过，隔扇和墙壁都没有什么大花样。至于隔扇、墙壁围起来的室内，由于受梁柱式结构本身的局限，也无法营造出宏大的空间。唯独在屋顶的设计方面，中国的古人可谓是费尽心机。

◎ 中国古代的"大屋顶"

中国古代房屋的屋顶很有特点，特别大也特别重，自古就有"大屋顶"之称。采用这种大屋顶，最初主要是从功能方面考虑的。因为中国的古建筑都用粗壮的木料盖成，必须在屋架顶端再加上一定的重量，消除水平推力（比如狂风）的影响，房屋结构才能更加安全、坚固。

西周时期瓦的发明和使用，使屋顶发生了巨大变化。在此之前，即使最隆重的宗庙、宫室，也都是用茅草盖顶、夯土筑基。安阳殷墟商代晚期的宗庙、宫室遗址，都只发现了夯土台基而无瓦的遗存，证明商代宫室仍处于"茅茨土阶"的阶段。所谓的"茅茨"，就是茅草盖的屋顶。茅草屋顶质轻，其保温、隔热性能都不错，檐部若修剪整齐，亦堪称美观，但其排水性能较差，而且需要年年维修。随着生产力的发展，奴隶主对建筑质量和审美享受的要求不断提高，茅草屋顶自然在亟须变革之列。西周初期，终于有了陶制屋瓦的发明。在陕西岐山凤雏村一带的周朝旧都遗址上，考古人员发现了采用屋瓦最早的实例。周王的宫室屋顶普遍用瓦件代替了茅草顶，这是古代建筑的一大进步。另一个巨大的进步则是斗拱的出现和日益完善，它使得梁与柱之间的接触更富有"弹性"，使得屋顶向更大更华丽的方向发展成为可能。

从此，中国的大屋顶开始越变越陡峻，并且出现了几个坡面。坡面屋顶在哪里都可以看到，希腊的一些神庙就是坡面屋顶形式。问题是世界上其他地区的屋顶都是直线的，唯独中国建筑的屋顶呈现出优美舒缓的曲线。这是什么原因呢？让我们看看《周礼·考工记》中对当时屋顶的描述，书中说："轮人为盖……上欲尊而宇欲卑，上尊而宇卑，则吐水疾而霤远"。"盖"就是指屋顶，"上尊而宇卑"说白了就是将屋顶做成带曲线的坡面，"吐水疾而霤远"则说明这种坡面最初是为了使屋顶排水既快又远，以免雨水对房屋造成损害。

在屋顶承担了这种"吐水疾而霤远"的功能之后，古代的工匠们又逐渐发现：屋顶除有遮风避雨的功能性作用外，还可以发挥很好的艺术装饰效果。为了改变框架结构造成的压抑、单一感，工匠们将屋顶设计成鸟翅般的举折与起翘，使屋顶呈现出舒展如翼的轻盈之状，给人以飞动轻快的美感。这种对屋顶的巧妙艺术处理早在春秋时期就已出现。《诗经·小雅·斯干》描写当时建筑的屋顶为"如鸟斯革，如翚斯飞"。革，形容鸟展翅之态；翚，言鸟鼓翅疾飞之势。这是从美学角度把屋顶檐角的轮廓，比作鸟在空中展翅飞翔。在蓝天的映衬下，轻快舒展的屋角，犹如一顶美丽的冠冕覆在建筑之上，这是一幅多么美妙的画面！

除了大量采用曲线之外，工匠们还在屋顶的色彩明度搭配方面大做文章。如从北京景山俯瞰故宫，那片金色屋顶的海洋会给人留下难以忘怀的深刻印象。清代正式规定，黄色琉璃瓦只限于帝王的宫殿、门、庑、陵墓和宗庙，其余王公府第只能用绿色琉璃，这种差异在北京古建筑中随处可见。不过，故宫建筑之所以大量选用黄色琉璃瓦，除了显示皇家威严之外，还有另一层不为人知的含义。

原来，故宫的建筑很多采用重檐式屋顶，庞大的屋顶仿佛要把屋身压塌，如何解决屋顶对屋身造成的视觉压迫就成了首要问题。建筑家们发现，明度高的颜色看上去会显得比较轻逸，于是就大量使用了金黄色的琉璃瓦盖顶，整座宫殿立刻变得稳如泰山，巧妙地解决了上述难题。

当然，优秀的屋顶，仅仅美观是不够的，它还必须具有优良的纳光与遮阳的功能。中国古代建筑师根据冬季与夏季太阳照射角度的不同，采取了将屋檐做得既挑出深远而又有反宇向阳的处理方法，把屋顶脊步做成42°的陡坡，而把飞檐做成19°—20°的缓坡，檐部缓、脊部陡，这样便形成了圆和的曲线，使室内在冬季有充足的阳光，而在夏季，屋顶又可起到遮阳纳凉的作用，这是对日照很有研究的一大创举。

中国古代屋顶的另一个引人注目之处，是垂脊端部装饰的走兽，俗称"小跑"，一般在较高级别的屋顶上才会看到。走兽最前端的是仙人，仙人骑在鸡背上，相传他就是春秋时期齐国国君齐愍王。由于他昏庸无道，便让他处在屋角的顶端，如再前行就会跌下地，寓有"悬崖勒马"的警戒之意。仙人身后的走兽依次为一龙、二凤、三狮子、四天马、五海马、六麒麟（或狻猊）、七牙鱼、八獬豸、九吼（或斗牛）。最后一个走兽叫行什，因为从龙算起，它排在第十位。"小跑"的多寡按建筑等级有所不同，一般采用单数，仅北京故宫太和殿用至第十个，等级最高。

中国古代建筑的屋顶，简直可以变化出无数的组合形式，但归纳起来，不外乎以下几种基本样式样：庑殿顶、歇山顶、悬山顶、硬山顶、攒尖顶、卷棚顶。这些屋顶式样早在汉代就已基本形成，此后经各个朝代的改进，屋顶的式样更加科学和精巧。到了明清，屋顶发展成为一套专门的制度，政治上的需要压过了形式上的追求，成为古代等级制度的一种反映。在故宫游览时，只要看看屋顶的规格，就可以估量出一座建筑在建筑群中的地位。

接下来，我们就来认识一下这几种基本的屋顶样式。

◎ 基本的屋顶样式

中国古代的屋顶，有的做成单檐，有的则做成重檐。在所有的单檐屋顶形式中，庑殿顶出现最早，在周代铜器、汉画像石与明器、北朝石窟中均有反映。它后来成为古建筑单檐屋顶中最为尊贵的一种形式，

庑殿顶前后左右成四个坡面，在清代之前一直称"四阿式顶"，庑殿顶的"庑"字是清雍正年间确定的。由于庑殿顶的四坡屋面共有五个接缝，容易渗入雨水，于是在接缝处压以"脊"，整个屋顶上共有五条脊，故庑殿顶又称五脊式屋顶。五条脊中，正中的称"正脊"，四角为"垂脊"。正脊的两端与垂脊的交接处多饰以龙形，此龙口含正脊，因此称作"正吻"，也叫鸱尾。

单檐庑殿顶多用于礼仪盛典及宗教建筑的偏殿或门堂等处，以示庄严肃穆，比如北京天坛中的祈年殿、皇乾殿及斋宫等

都采用这类屋顶。寺庙中的大殿与山门也有使用单檐庑殿顶的建筑。建于唐大中十一年（857）的佛光寺正殿便是使用单檐庑殿顶的最早实例。

庑殿顶之后，歇山顶次之。它实际上是庑殿顶的一种变形。歇山顶的主要特征是在左右屋顶的坡面上多了一部分山墙，比庑殿顶多出四条戗脊，加上原有的五条屋脊，一共是九条屋脊，所以歇山顶又可以称作九脊式屋顶。和单檐庑殿顶一样，单檐歇山顶也用于较高级别的建筑中，但应用范围比庑殿顶更加广泛，但凡宫中其他诸建筑，以及祠庙坛社、寺观衙署等官家或公众殿堂等都袭用歇山顶。

有意思的是，在北宋的建筑巨著《营造法式》中，使用庑殿顶和歇山顶的殿宇都被该书作者赋予别名，使用庑殿顶的叫"吴殿"，使用歇山顶的叫"曹殿"。原来，吴是唐代大画家吴道子的姓氏，曹是北齐大画家曹仲达的姓氏，他二人画艺卓绝，在绘画史中流传着"曹衣出水、吴带当风"的赞语。他们也均擅长画宫殿寺庙，其中吴道子尤擅"五脊殿"，曹仲达则工于"九脊殿"，后世便将这两种殿分别称作"吴殿"与"曹殿"。

回到屋顶正题。歇山顶以下，又有悬山顶、硬山顶。悬山顶是两面坡顶的一种，特点是屋檐悬伸在山墙以外（又称为挑山或出山）。悬山顶只用于民间建筑，在较重要的建筑上一般不用，山墙的山尖部分还可做出不同的装饰。硬山顶也属于两面坡类型，二者的区别在于：悬山顶的屋檐悬伸于山墙之外，而硬山顶的屋檐并不悬伸于山墙之外。

上面介绍的几种屋顶形式，具有一处共同的特点，就是都有一条正脊。下面提到的攒尖顶和卷棚顶都没有正脊。

攒尖顶的屋面呈现为一个锥体，屋面交汇的地方就只有一个点，这个点就是顶。依建筑物平面形状的不同，攒尖面又可分为圆攒尖、四角攒尖、八角攒尖等形式。攒尖顶最早见于北魏石窟的雕刻，实物较早的有北魏的嵩岳寺塔、隋代的神通寺四门塔等。

最后要介绍的是卷棚顶。在次要建筑物中，常将前后两坡的筒瓦在相交时做成圆形，而不采用正脊，这就形成了卷棚顶。卷棚顶出现较晚，明清时开始普遍使用。因为这种屋顶线条流畅、风格平缓，所以多用于园林建筑。但也有例外，比如承德避暑山庄为表现离宫的非正式性，就把宫殿区的建筑都安上了卷棚顶，与周围的环境显得非常协调，可谓独具匠心、别具一格。

在以上单檐屋顶的基础上进一步发展，就形成了所谓的"重檐"。重檐由檐廊部分自成一个屋顶构造而成。在奴隶社会时，以土、木为主要材料的建筑，为保护其夯土台基和外檐墙、柱免遭雨淋损坏，开始只是加大出檐。后来为满足奴隶主的奢求，宫室日益向高大发展。这样，檐口提高后，在出檐相等的情况下，其保护面较低檐相应减小。如果再加大出檐，则檐口过低，导致妨碍内部日照、通风和视线，在建筑体形上也有屋盖过重之嫌；再者，出檐也不能超过椽木的负担而过分加大。因此，此时的高台建筑便有在屋盖下另出一圈防雨披檐的创造。这种披檐成为后世重檐的原型，经过长期的发展，形成今天的样子。

庑殿顶、歇山顶、攒尖顶等都可以设计为重檐的形式。不管是哪种形式的屋顶，一旦加上重檐，都会变得更加华丽壮观，更加富有尊严。封建时代的统治者主张"法先王"，以重檐庑殿顶为"古制"，奉为永世不移的至尊式样，始终作为皇宫主体殿堂的定制，直至封建社会的结束。如故宫前朝的太和殿、后宫的乾清殿、太庙的前殿等。重檐歇山顶的等级仅次于重檐庑殿顶，多在一些规格很高的殿阁中使用，如北京故宫中的保和殿、天安门、宁寿宫、慈宁宫、钟楼、鼓楼等重要建筑都是这种屋顶。这两种尊贵的屋顶形式，只有地位极高的人物才能与之相配。皇帝家自然可以用，大圣人孔子家也可以，如建于清雍正年间的曲阜孔庙大成殿，屋顶便采用重檐歇山顶的形式，而且上覆黄色琉璃瓦，与帝王家的规格差不多。

除了在屋顶的样式上独占鳌头外，皇家建筑还往往用豪华的屋顶装修来表明崇高的身份。其中镏金是常用的一种方式。镏金是我国的一项发明，早在战国时代，已用金汞合剂涂在银、铜表面制作工艺品。北京故宫的中和殿、角楼都用了镏金铜宝顶，角楼重修时，镏金用金三十多两。清乾隆四十五年（1780）在河北承德建须弥福寿之庙，其中吉祥法喜殿和妙高庄严殿都用了镏金铜瓦，后者的四角重檐攒尖顶，每条脊上各有上下升降的两条铜制镏金游龙，共八条，每条重约一吨。据档案记载，两殿镏金共耗黄金 15420 多两，如此财力，恐怕也只有皇家才具备。

中国建筑的"面子"——大门

大门是中国古代建筑中另一个重要的部分。它是建筑的出入口，所处的位置特别明显，比较有讲究。和屋顶一样，大门也是房屋主人的一种身份象征。

古代的大门，一般由门框、门头、门扇等几部分组成。

门框是由左右两根框柱加上面一根平枋组成一个框架，固定在房屋的柱子之间或者墙洞之间，主要做安置门扇之用。门扇安置在门框上下突出的门轴内，能够自由闭合。固定上门轴的是一条称为"连楹"的横木，在连楹的两端各开出一个圆形孔，正好承受门的上轴。下轴也和上轴一样，需要被固定在门框上，但承受着下轴的构件除了要固定门轴，还要承受门扇的重量，所以都用石料制作，根据它的位置和作用，命名为"门枕石"。宫殿、寺庙、王府的大门的门枕石外部都做成狮子头，而普通人家的门枕石上只做出抱鼓石或者一些更为简单的雕刻装饰。

门框上最初还有简单的两面坡屋顶，用来遮阳挡雨，这个门上的小屋顶称为"门头"。门头不但具有功能上的作用，而且也有装饰作用，它使大门显得更为气派。后来，门头的实用功能日益消退，逐渐演变为一种罩在大门上的单纯的装饰部分。

门扇是大门本身最重要的部分，古代最常见的是两扇，也有一扇或超过两扇的。在中国古代建筑中，这种门扇都是用木板制成的。就一般住宅而言，一扇门扇的宽度至少有半米，而对寺庙、宫殿等大型建筑而言，门扇能达到一米甚至一米以上。如此宽度的门扇，自然不可能由一整块木板制成，需要用几块木板横向拼合而成，故我们将这类门称为"板门"。

拼合板门最原始的办法，就是在门板后面加几条横向的木条，用铁钉由外向内将门板和横木固定在一起，这些钉子称为"门钉"。门钉发展到后来，成为古建筑大门上的一种特有装饰。雄厚的实拼板门，按上一排排硕大的金色门钉，使大门显得更加威武、坚固，给人一种美的享受。门钉的价值还受到封建统治者的重视。明太祖朱元璋曾把门钉列入典章制度，规定宫城"正门以红漆金涂铜钉"。到了清代，乾隆年间编《大清会典》一书，对门钉做了详细的规定，如"宫殿门庑皆崇基，上覆黄琉璃，门钉金钉，坛庙圜丘（土遗）外内垣四门，皆朱漆金钉，纵横各九。亲王府制，正门五间，门钉纵九横七……公门钉纵横皆七，侯以下至男递减至五五，均以铁"。由此可见，小小的门钉已为封建统治集团所垄断，门上门钉的行数和枚数也成了其政治地位和权力的标志。

在门扇的中央，一般还有兽面形的门环，叫作"铺首"。古代俗语说："兽面衔环辟不祥"，可见，铺首是含有驱邪意义的传统门饰。在门扇上安装铺首，不但便于开门关门，而且也是一种很好的装饰。合浦西汉墓出土的铜屋，门上铸有一对门环，大概是我国最早的门环了。关于铺首的发明，还有一段有趣的传说。说的是鲁班见到螺蛳，对它的形象很感兴趣，在螺蛳伸出脑袋时，就悄悄地用脚在地上画它的形象，螺蛳发觉了，就缩回脑袋，紧闭螺壳，始终不开。于是鲁班就将螺蛳的形象搬到家宅门上，作为大门坚实保险的象征。在民间，门上铺首的形象比较单纯，两只门环的基座固定在左右两扇门板上，座上伸出两只门环，门环下面还有两个铁疙瘩钉在门上，以便在叩门时发出声响，同时又保护了木板门面。与门钉一样，门环也成为封建等级制度的一种直观反映。到明代，官方正式规定公主府第正门用"绿油钢环"，公侯用"金漆锡环"，一、二品官用"绿油锡环"，三至五品官用"黑油

（西汉）四神纹玉铺首

锡环"，六至九品官用"黑油铁环"。

门的种类非常多，根据建筑物的不同，有城门、宫门、殿门、庙门、院门、宅门之分。现在，若说最有名的大门，非明清紫禁城的午门莫属。

午门是紫禁城的正门，因其正处在子午线上而得名。午门由两大部分构成，一部分是砖砌的巨大城墩，另一部分是建在城墩上的木构门楼。午门平面呈"凹"形，城台正中为一最高等级重檐庑殿顶的楼座，东西两侧前端各建重檐方亭一座，正中楼座与两端方亭之间连以庑廊，全部建筑高低错落，仿佛朱雀展翅，居高临下，威慑人心。城门正中开券洞三个，中央正门等级最高，供皇帝出入，此外皇后成婚入宫时经过一次，殿试后的前三名状元、榜眼、探花在放榜后可由此门出宫，这被认为是极大的荣耀。

"小"中有大气派——建筑小品

◎阙

阙是中国古代建在城池、宫殿、宅邸、祠庙和陵墓入口处的一种建筑物。阙的历史十分悠久，《诗经·郑风·子衿》中有诗句曰："挑兮达兮，在城阙兮"，表明阙在周朝的时候就已经出现了。阙最初用于帝王建筑中，如春秋时在宫殿的正门旁建阙，汉代帝王崇尚"厚葬"之风，于是除宫殿之外，在陵墓入口处也建阙。到了东汉时期，许多贵族和官僚的宅邸、祠庙门前也建有阙。现存最早的阙即建于汉代，是公元36年所建的四川梓潼的李业阙。

至于阙的作用，据东汉许慎的《说文解字》解释："中央阙而为道，故谓之阙"。可见，在古代，"阙"与"缺"谐音，"阙"字也包含"缺"的意思。宫殿入口处建阙，本意是让百官见阙后，反省自己各方面的欠缺，检查自己对帝王的忠心程度，这更显示出帝王的威严和对礼仪方面的要求。历史资料表明，早期的阙建有楼观或门楼，可供登高瞭望，有守备的作用，后来才逐渐演变为显示门第、区别尊卑、崇尚礼仪的装饰性建筑。

阙的构造大都是石砌实体，有的做成仿木形式，阙身上部一般有人物、走兽等浮雕。最初的形式是双阙对峙，双阙之间不设门，上覆屋顶，中间部分空缺，可通向建筑群中轴线的大道。这种独立的阙在汉代最为发达，在宫殿、陵墓中广泛使用，但到唐宋时仅用于陵墓，以后就不再用了。

后来，阙与门逐渐结合在一起，即在双阙之间连以单层或多层檐的门楼，组成一座形式比较庄严且较为复杂的大门，这种门阙见于汉代的石刻之中。北魏壁画中描绘的宫殿正门是在城垣上建三层门楼，左右辅以望楼，城垣再向前转折与双阙衔接，平面成"П"形。唐代在大明宫含元殿左右两翼也建有突出在前面的双阙。这种阙与门相结合的形制经宋元演变，到明清时就出现了北京紫禁城午门楼的那种形制。

◎ 影壁

中国建筑的一大特征就是墙多，但是为了实用，墙上必定要开门，而且向南的正门要开得又大又宽，以表示不凡的气派。这样，对于注重封闭和内向的古建筑群来说，就显得过于暴露了，于是古人就在大门前造一堵墙作为屏蔽，使大道上的行人不能窥探里边的情况，这种墙就叫作影壁，也叫照壁。

影壁古文称"树"或"屏"。这一设施作为一种礼制，早期有严格的等级限制。《论语·八佾》中孔子有一句话说："邦君树塞门，管氏亦树塞门。"以"树"塞门，早期只限于帝王、诸侯之类的宫廷建筑，但春秋时期礼制松弛，齐相管仲宅第越礼设树，遭到孔子的激烈非议。

后来，影壁这种特殊的建筑形式并不仅限于"邦君"了，也开始在官宦大户人家门前使用，如《红楼梦》第三回写林黛玉初到荣国府，也看到"北边立着一个粉油大影壁"。后来寺庙也在山门前建置影壁，现在留存的影壁大多为寺庙前的遗物。

现存最著名的影壁，是立于北海公园的九龙壁，它是一座彩色琉璃砖影壁，原为明朝西苑北隅大西天经厂前的照壁。明神宗万历的生母李妃笃信喇嘛教，她在北海北岸建大西天经厂，大肆进行译经、印经的活动。为了要镇住火神，预防经厂失火，于是在厂门前筑起了这座有九条五色蟠龙的影壁。清代的乾隆皇帝十分喜爱这座艺术珍品，曾重新翻修过。九龙壁建于青白玉石台基上，上有绿色琉璃须弥座，面阔25.86米，高6.65米，厚1.42米。壁面前后各有九条抢珠追逐、奔腾在云雾波涛中的琉璃浮雕神龙，飞龙姿态矫健，形象生动。九龙壁因此成为北海公园名景之一。

◎ 牌坊

牌坊原是古代城市中里坊的大门。唐代以前，城市百姓集中住于坊中，坊的入口设置坊门。坊门由两根立柱和立柱上横架的一根梁枋组合而成，梁枋上书写题额，作为一坊的名称。

到了宋代，随着城市商业的发展，市与坊的界线完全被打破，坊门失去了实际意义，成了示意性的牌门，这便是牌坊。牌坊大多立于街巷之中，作为一种标志，人们便不断对它进行装饰，于横梁上加建斗拱和屋檐，形制逐渐复杂。牌坊顶上飞檐起脊，犹如很窄的楼顶。之后，又变单檐为重檐，由两柱增至四柱，规格越来越大。在牌坊所用的材料上，也由木构发展到石构，装饰由简到繁。

自明代以后，兴建牌坊成为时尚，各种牌坊如雨后春笋般出现在各地。我国现存的牌坊中，有相当多的数量为明代所建。根据建立牌坊的目的、用途的不同，牌坊可分为颂德牌坊、功名牌坊、德政牌坊、贞节牌坊等几类。名称不同，歌功颂德、宣扬封建礼教的性质却基本一致。

北京十三陵大牌坊始建于明嘉靖十九年（1540），总高14米，宽28.86米，六柱五间，横跨于陵区神道南端。大牌坊全用汉白玉雕琢构造。外形仿木构，五间枋顶自外向内对称，并且依次增高。在五个大顶之间和两顶的柱顶又建六个低矮的小檐，皆挂有琉璃瓦。整个牌坊气势宏大，雄伟庄重，是古代牌坊建筑中的珍品。

◎ 华表

华表起源于古代的"诽谤木"。相传从尧舜时代开始，统治者就习惯在交通要道竖立木牌，让人在上面写谏言，名曰"诽谤木"，又叫"华表木"，以示帝王虚心纳谏的决心。

后来，"华表木"逐渐演变为地方上的一种标识性建筑物，用于识别方向。华表上边的兽头朝南，意为"望君归"，头南尾北，两翼为东西。到了汉代，"华表木"就发展演变为通衢大道的标志物，因这种标志物远看像花朵一般，所以称为"华表"。汉代还在邮亭竖立华表，让送信的人不致迷失方向。

再到后来，华表逐渐成为桥头和墓地等处设置的小型装饰建筑品。华表一般是木制或石制的，顶部或冠以十字交叉的横木，或是一斜木。正因为如此，东汉时华表还有"交午柱"的别名。

北宋大画家张择端画的《清明上河图》中，汴梁虹桥两端就画有两对高大的华表，顶端白鹤伫立，神态极为生动。卢沟桥两头也有四座华表，高4.65米，石柱上端横贯云板，柱顶有莲座圆盘，圆盘上雕有石狮子，庄严秀美，气势非凡。

最有名的华表当属矗立在天安门前的那一对。这对华表用汉白玉雕刻而成，挺拔笔直的柱身上雕有蟠龙流云纹饰，上部横插一块石片，石片上有浮雕的祥云，仿佛高大的柱身直插云间。顶部的承露盘中，蹲坐着一头别致的怪兽。古朴精美的华表，与巍巍壮丽、金碧辉煌的故宫建筑群浑然一体，使人既感到一种艺术上的和谐，又感到历史的庄重和威严。

汉白玉华表

雕梁画栋 美不胜收

雕梁画栋，美不胜收

以木头作为建材的一大优势是省时省力。这省下来的工夫，已足够我们的祖先充分发挥其艺术天赋，对建筑的里里外外精雕细琢一番。在钢筋水泥的丛林里奔走的我们，一旦面对如此盛妆浓彩的建筑，体内爱美的细胞定会立时活跃起来。而对于古人的那份闲情雅致，也难免心生几分欣羡之情。中国建筑美在哪里？有人说：美在整体。此话虽不假，但即便是那些烦琐富丽的彩画、雕塑、藻井，又怎能不让人眼界大开，叹为观止！

扮靓房屋的活儿——建筑装饰

在以木结构为主体的中国古建筑中，装饰占着非常重要的地位。但这种装饰并非凭空产生的，最初还是出于功能上的需要。前面提到中国选择木材为主要建筑材料，是以实用性为第一原则，而最初的建筑装饰亦是如此。

举例来说，古代的殿堂建筑用的主要是筒瓦，由下到上一块套一块，为了防止瓦的滑落，需要用钉将最下面的筒瓦钉在屋檐上，又为了避免雨水沿钉孔渗下去腐蚀木结构，需要在钉头加一盖帽。在屋脊上的这种盖帽经过工匠的加工，就逐渐演变为各种小兽了，而最下面的筒瓦瓦面也被雕刻上种种花草禽兽的花纹。

再比如，中国古建筑长期以木结构为主，为防腐朽、防虫害的实际需要，很早就使用矿物原料的丹或朱，以及黑漆油等涂料敷饰在木构件上，经过对油饰材料的不断改进和对装饰图案的精细描绘，至迟在春秋时代，就出现了中国古建筑所特有的彩画。而中国古代建筑中的木梁架在立柱上，探出柱外的梁头便被加工成菊花头、麻叶头的形式。

由此可见，建筑装饰的产生，开始基本上是对建筑本身构件的美化加工。到了后来，随着结构和材料的不断改进，有些构件的实际功能已经消失，但它们作为一种装饰却被长久地保存在建筑上。例如在一些大门、牌坊上用的是砖结构、琉璃贴面，并不需要油漆保护，但我们看到在这些大门、牌坊上却将琉璃做成木结构油漆的彩画形式。后来的梁柱交接并不都需要出头，但它却依然保留着菊花头或麻叶头的形式。

中国的建筑装饰经历了长期的发展过程，其萌芽状态甚至可追溯到 6000 多年前的新石器时代。如陕西西安的半坡建筑遗址中，就出土了一些浮雕或圆雕的泥塑残块，表现的是动物的形象。据专家推测，这些泥塑可能是建筑上的饰物。在陕西临潼县的姜寨遗址，考古人员也发现了用手指塑造和工具刻画成花纹图案的做法，这种装饰大概是用于建筑门口的。

实际上，在唐代之前，建筑装饰一直都比较简单。唐末至五代的时候，格子门窗出现了，这是建筑装饰上的一个突破性进展。随着建筑技术的发展及人们对美的追求，装修的形式越来越丰富，精细的雕刻也越来越多地得到运用。明清时期，又将书法、绘画，以及刺绣、镶嵌等工艺与建筑装饰结合起来，使其呈现出更为绚烂的艺术色彩，与台基、屋面、墙身形成十分鲜明的虚实、线面、刚柔对比，表现出建筑整体的节奏和韵律感。

中国建筑装饰的种类很多。按空间部位分，可分为外檐装修和内檐装修两部分。凡处在室外或分隔室内外的门、窗、户、牖，包括大门、屏门、隔扇、帘架、风门、槛窗、栏杆等，均属外檐装修。外檐装修位于室外，易受风吹日晒，雨水侵蚀，在用材断面、雕镂、花饰、做工等方面，都考虑到这些方面的因素，因此较为坚固、粗壮。内檐装修，则是用于室内的装修，如碧纱橱、栏杆罩、落地罩、花罩、炕罩、太师壁、博古架、壁板、护墙板以及天花、藻井等，都归于内檐装修一类。内檐装修位于室内，不受风吹日晒等侵袭，与室内家具陈设一起，具有较高的艺术观赏价值，因而在用料、做工、雕刻各方面更加精细。

中国建筑装饰的手段，除最常用的油漆彩画之外，还有雕塑（木雕、石雕、砖雕、陶塑）、石膏花饰、壁画、贴金、金属饰件、镏金、裱糊、镶嵌、悬挂（织物、编竹、匾额、对联）等。这些建筑装饰，往往与人们对于美好、吉祥、富庶、幸福的追求结合起来，抽象为各种图腾图案，用会意、借喻、谐音、象形等手法表现出来。如"福寿双全"，常以蝙蝠、寿字组成图案；"四季平安"，则以花瓶内安插月季花来表现；"万事如意"，则用柿子和如意来表示；"子孙万代"则是葫芦加缠枝茎叶等等。可见，装饰中的图案装饰及色彩，作为观念的东西，是社会的文化形态的具体体现。

在封建社会中，建筑装饰还是封建等级制度和观念的体现。比如在古代建筑装饰的颜色使用上，就有明确的等级限制。最高贵的是金、朱、黄等色彩，用于帝王、贵族的宫室；青、绿次之，用于百官的宅邸；黑、灰最下，庶民庐舍只用这类色调。这种色彩等级的形成并非偶然，它是我国传统等级观念的一种反映。比如黄色，一直是我国古代统治阶级崇尚的色彩。《周礼·冬官·考工记》云："地谓之黄"，地即土，位中央，色黄。正因为象征着权力的土地大多是黄色的，黄色便成了帝王专用的色彩。皇帝的衣着以黄色为主，就连室内的桌椅和帐幔，都用黄色的绸缎罩面，以突出帝王的尊严。北京中山公园内明永乐十九年（1421）建成的"社稷坛"，上铺五色土，中黄、东青、西白、南红、北黑，就是这种思想意识的反映。此外，室内华丽的藻井也是皇帝至尊至贵的象征，一般官邸、衙属是绝对不准许采用这种装饰的。

建筑装饰还是表现建筑物的民族风格的重要方面。中国建筑的民族风格，不仅表现在曲线优美的屋顶形式、"玉阶朱楹"的色彩效果，还表现在装修形式和纹样的民族特色上。几千年形成的民族文化刻意精深的创作，使建筑装饰具备了浓郁、强烈的华夏民族的特色。

线条与色彩的艺术——彩画

彩画是古代建筑最重要的装饰手段，一般绘在建筑的梁、柱、门、窗及其他木构件上，起装饰和保护木构件的双重作用。

我国建筑装饰应用彩画的历史源远流长，《论语·公冶长》中有"山节藻棁"一语，表明至迟在春秋时期，建筑彩画便已出现。在敦煌石窟、宋初建筑中都有以红色为主调的彩画。

对古代彩画的形制规格、用料、做法记载最详的文献是《营造法式》的"彩画作"和清工部《工程做法》的"画作"。根据这些做法绘制的彩画分别称为宋式彩画和清式彩画。此外，民间还有一些不同于这些官式做法的彩画装饰。但是，历代对民间做法都有一定的限制，规定其不能与官式做法相冲突。比如在清代《工程做法》的"画作"中，就着重说明了如何按照建筑物的规格和等级、重要性等因素来选用其中某一种彩画。这些严格的规定必须遵守，不允许僭越，如果超过身份使用某一种彩画，就会招来杀身之祸。

古代绘制彩画采用矿物颜料为主，植物原料为辅，加胶和粉调制而成，在重点部位还贴上真金制成的金箔。这些天然颜料能使颜色经久不变，比现在的化学颜料耐久得多。

彩画的重点装饰部位在柱子的上部和横向构件上（如额枋、檩条、大梁、斗拱、椽头等部位）。一般来说，彩画多以靛青翠绿的图案为主，这是因为彩画主要绘在屋檐下阴影处，故使用冷色调，再用贴金的线纹、彩色互间的花朵点缀其间，构成彩画图案。这样一来，檐下青、绿、金色交织成的彩画，就与朱红色或深赭色的柱子、黄墙或红墙、白色的石台基、台阶和栏杆互相衬托，使得建筑物具有丰富而鲜明的色彩对比，产生了辉煌闪烁的效果。

建筑彩画一般都具有寓意性。封建社会早期，各种建筑彩画多以宗教和民间图案（莲花、锦纹等）作为基本题材，内容主

颐和园长廊彩画

要是寓意神权和吉祥，虽然也出现过龙凤纹，但应用范围十分有限。随着历史的进展，彩画的寓意性日渐突出。清朝时期，随着政治、经济的相对稳定，皇权思想在意识形态领域有所升华。它在建筑装饰上的突出表现，就是宫廷内和玺彩画的出现。

和玺彩画是清式彩画的一种重要形式，其特征是大量采用象征皇权的龙纹图案，表现所装饰建筑的等级、地位。可以说，在寓意皇权方面，和玺彩画是其他任何形式的彩画所无法比拟的。

以太和殿梁枋上面所绘的和玺彩画为例，整个太和殿内，上至天花大梁，下至墙边，布满了形态各异的龙纹。一件大的梁枋上面要绘数十条龙，整座建筑的龙纹数目不可胜数，再加上木雕、石雕以及琉璃上的龙纹，组成了一个龙的世界，太和殿因此被装点成一座万龙拱卫的金銮宝殿。这些龙纹似乎在告诉人们，这座宝殿的主人就是真龙天子——皇帝。

皇宫中生活区的寝宫所绘的和玺彩画，则以龙纹和凤纹相匹配，这样布置既保持了皇宫的神秘威严气氛，也增添了祥和融洽的生活气息，起到了利用纹饰表现内廷这一特殊环境的作用。

和玺彩画用作坛庙建筑的装饰也是如此。如北京地坛的主殿"皇室"，因为是祭祀"地母"（俗称后土娘娘）的地方，故在彩画装饰上大量运用凤纹，寓意该殿是"地母"受祭的圣地。

清式彩画中比和玺彩画次一等的是"璇子彩画"。璇子彩画的画面用简化形式的涡卷瓣旋花，有时也可画龙、凤、锦、西番莲，或只在素地上压黑线，称"一字枋心"。璇子彩画应用范围较广，一般用于官衙、庙宇主殿，宫殿坛庙之次要殿堂，例如故宫之长春、南薰诸宫，东华、神武诸门等处都是。

璇子彩画之下，是等级最低也最普遍的"苏式彩画"。苏式彩画从江南的包袱彩画演变而来，是在檩、垫板、枋三构件上相当于枋心位置，画一很大的画心，俗称"包袱"，包袱中分别画山水、人物、花卉、翎毛等图案，此种彩面多用于住宅、园林。北京颐和园中的长廊即绘此种彩画，人物故事、山水风景、花鸟鱼虫等比比皆是，内容丰富多彩，令人目不暇接。

宋式彩画和明清彩画区别最大的地方，在于宋代彩画除用青绿为主色调外，还常常间夹以红色，甚至有五彩并用者，色彩极为艳丽。可惜如今这种彩画遗物很少。

"鬼斧神工"——雕刻

细部雕刻是中国传统建筑中除彩画之外最常使用的装饰手法。根据材料的不同，可以将细部雕刻分为木雕、砖雕、石雕等几种，此外，建筑屋顶上的正吻、脊饰，檐角上的仙人、走兽等，也都可以说是建筑细部雕刻的一种形式。由于中国建筑以木结构为主，因此木雕自然是其中最重要的一种雕刻。北宋的建筑专著《营造法式》中有"雕作"，主要就是讲的木雕。

木雕装饰纯粹是为了美化居室。木雕多用在建筑前檐柱廊部分的斗拱、雀替，建筑物内部梁架上的梁栋等地方，在不降低木构件承载强度的前提下，用浮雕、通雕、圆雕等技法去修饰它。

木雕起源于商朝，当时由于青铜工具已经广泛使用，从而为木构件上的雕刻装饰处理创造了十分优越的条件。根据有关的图文资料，此时在建筑上视野所及的主要部位，诸如门窗、栏杆、梁柱之类的地方，可能都已作雕刻并施以彩饰。奴隶社会时期，奴隶主的陵墓大都是模拟生前居住的宫殿修建的。殷墓棺椁盖板上的施彩木雕，便是宫殿装饰的写照。安阳殷墟出土的椁板雕刻题材，已发现的有虎和饕餮等图案，施以红、白、黑三种颜色，象征着商王的威严和权势。

遗憾的是，由于木材本身的缺陷，中国早期的建筑木雕实物都没有完整地保存下来，现存最早的实物是宋朝的，最著名的是太原晋祠圣母殿的蟠龙木雕。该殿前部的廊柱上，雕有木质蟠龙八条，姿态各异，栩栩如生。

明清两代，是建筑木雕大发展的时期，官式建筑中的木雕趋于精细和规范，因而也略嫌古板。而明清民间建筑的雕刻，则显得烦琐而细密。如明代建成的徽州民居，木雕装饰已经用得相当普遍，梁架、斗拱、雀替、檐条、栏板、门窗户扇，都刻上了花鸟虫鱼、车马人物一类内容，就连室内的落地罩也是由繁复精美的木雕所构成。

明清时期的木雕做工更为精细，而且更加注重其中的寓意，图案大都追求高雅、富丽、吉祥，寓理想、观念于图案之中。如帝王、皇族刻意追求的是增福添寿，在装修中常以蝙蝠、寿字、如意为内容，寓意福寿绵长，万事如意。文人墨客、清雅居士，则多以松、竹、梅、兰、博古（古青铜器）等图案装点他们的宅邸，以示文雅、清高、脱俗和气节。而佛教建筑的雕刻题材，则多数是佛教故事、佛门八宝（轮、螺、伞、盖、花、罐、鱼、肠）等等。这些雕刻装饰，都是和主人的身份地位和思想观念相呼应的。

古建筑中应用的木雕表现形式，最多的是浮雕。浮雕一般用于装饰建筑物室内墙面或门窗等固定空间，雕像略微突出的称为低浮雕，雕像在底面上十分突出的称为高浮雕。有时候，浮雕的周围会被镂空，使图案显出剪纸般清晰的影像效果，这就是"镂空雕"。有时雕像的构图层次非常之多，形成全面镂空的雕刻，就是所谓的"透通雕"。透通雕在一个画面上融合了各种雕法，作品具有玲珑剔透的艺术效果，其镂空层次丰富，一般在2—6层，雕工细致，立体感强，在狭小的面积上，表现出广阔的空间，是最有特点的一种雕法。

砖雕最早兴起于北宋，是在秦汉时代的画像砖基础上发展而来。北宋时期的砖雕构图以人物故事及装饰性图案为主，仍具有图像的意味，是画像砖的一种变化形式。早期是在制砖坯时塑造然后烧制成花砖，逐渐变成在砖料上进行雕刻。明清建筑中大量使用砖雕装饰，如意门、影壁、透风、花墙以及清水脊等均是使用砖雕的重点部位。这时出现了从事雕砖专业的人，称为"花匠"，雕刻手法有平雕、浮雕、透雕等，南北手法不同，各有特色，形成中国古代特有的建筑装饰。

石雕主要用于建筑物的台基、栏杆、柱础、柱身等石制构件上，早在汉代就已出现，至隋唐时期逐渐成熟，这一时期的石雕刀法洗练，形象丰满，典型例子是隋代赵州桥上的石雕栏板。唐代建筑的石雕，则主要见于一些石塔及石窟寺，其中尤以形象饱满的覆莲雕刻最能展现其风韵。宋、辽、金、元时代的木构建筑中，石雕的形式已经花样繁多了，如在柱子上雕刻云水、蕙草、卷莲等纹样，有时还在山水云纹或植物纹样中穿插一些人物或动物形象，称作"化生图案"。个别重要建筑用石柱雕龙，也有的雕刻力士仙人。明清故宫的石雕独具特色，在建筑台阶前的御路石上，常雕刻龙、凤、云、水，与台基的雕刻合为一体。石刻小品逐渐丰富，大至宫门前满雕盘龙、上插云板、顶蹲坐龙的华表，小至雕成金钱状的渗水井盖，都有独到的艺术处理。

"顶"级的装饰——藻井

在宫殿宝座或寺庙佛坛的上方等重要部位，经常会出现向上隆起如井状、装饰性很强的木结构顶棚，这就是中国传统建筑

（宋）舂米彩绘砖雕

中一种独特的装饰——藻井。

藻井源于远古时代的"中溜"。"中溜"最早指古代穴居顶上的通风采光口，后来用于指室内顶部的中心位置。在早期的古典文学中，即不乏对藻井的细致描写。东汉张衡的《西京赋》描写京都的建筑之盛时，就有"蔕雄虹之长梁，结棼橑以相接，蔕倒茄于藻井"的句子，后人注称："藻井当栋中，交木如井，画以藻文"。由此可见藻井至迟在汉代即已出现，在四川乐山汉代崖墓中，考古人员就发现了一个覆斗形的藻井。

藻井的这种装饰，其原始含义与防火有关。据《风俗通》记载："今殿作天井。井者，东井之像也。菱，水中之物。皆所以厌火也。"

东井即井宿，是二十八宿之一，它共有八颗星，古人认为是主水的。因此，在殿堂、楼阁最高处作井，同时装饰以荷、菱、藕等藻类水生植物，都是希望能借以压服火魔，防止火灾的发生。对于中国的木结构建筑而言，火魔确实是最大的一个敌人，难怪古人如此重视对藻井的装饰和位置安排。

然而到了后来，这种含义似乎逐渐淡化，藻井的装饰作用凸显，成为殿内视线的中心。一般的藻井就像一只倒扣的斗或平底碗，在交错重叠的长短梁椽之上构成凹面，并在它的平面和边框上，或精雕，或细镂，或彩绘各式图案花纹，其中又多系藻类的形象，藻井之名由此而来。在最尊贵的建筑中，还会再用斗拱、天宫楼阁、龙凤等装饰，并满贴金箔，富丽异常。

藻井有方形、圆形、八角形等几种不同形状，或将这几种形状叠加起来，组成更复杂的空间构图，《营造法式》把由方井、八角井和斗八（八根角梁组成的八棱锥顶）三层叠合的称"斗八藻井"，仅有八角井和斗八的称"小斗八藻井"。现存最早的木构藻井在天津蓟县独乐寺观音阁上层，建于公元984年，为方井抹去四角、上加斗八。而金代（1115—1234）建造的山西应县净土寺大殿的藻井，在下层方井四周雕刻着造型优美、结构完整、斗拱出跳很多的天宫楼阁，最上层用二十四朵斗拱组成斗八藻井，是早期雕刻水平很高的一个藻井。

明代之后，藻井的构造和形式有了很大的发展，极尽精巧和富丽堂皇之能事，除了规模增大之外，顶心用以象征天国的明镜开始增大，周围放置莲瓣，中心绘云龙。后来这中心的云龙愈来愈得到强调，到了清代就成了一团雕刻生动的蟠龙，此时藻井

藻井

也称为"龙井"。蟠龙口中悬垂吊灯，不失原来明镜的形式。如北京故宫太和殿的清代藻井，它在八角井上建一圆井，当中为一突雕蟠龙，垂首衔珠，是清代建筑中最为华贵的藻井。

藻井大都是特意加建的，也还有一些藻井是由结构本身自然形成隆起而加以雕饰的。如北京天坛祈年殿本身即是圆形平面，井口天花自中心向外放射状排列，在天花的中心范围向上升起一个圆形藻井。室内的梁柱、天花、藻井三者的高度正好与祈年殿外观三重檐的高度和直径相配合，使结构与装饰达到和谐的统一。

在传统的观念上，藻井是一种具有神圣意义的象征，只能在宗教建筑或皇家建筑中应用，但有的民间建筑顶部也做成类似于藻井的形式。明清时期，江南的厅堂台榭，为了与轩配合，往往也用角梁加曲椽构成近似藻井的顶棚，深栗色简洁的梁、椽，配上磨光的望砖或用白色粉刷，显得非常雅致。民间还有一种藻井从八角井起，呈螺旋状层层缩小，在顶心处堆砌于一起，如花团锦簇一般，极富于装饰性。

庭院深深

秩序井然

庭院深深，秩序井然

——中国建筑的布局

中国传统思想里，"天圆地方""尊卑有序""中庸平和"等观念颇具代表性。在中国建筑的布局方面，这些观念得到了最直观的体现。即便是对老祖宗的东西早已陌生的人，只要去北京逛一回紫禁城，转一转四合院，或去山东曲阜拜谒一下孔庙，也不难补上这传统文化的重要一课。探究中国建筑布局的特色，为何"对称""择中""四合"等字眼频频出现？中国佛寺的"塔庙之争"又是怎么回事？解决了这些问题，便能更深刻地了解中国建筑，同时也能更深刻地了解中国人。

布局——聚合扩展、轴线对称

中国传统建筑的平面布局，是以"间"为基本的构成单位。"间"的概念，我们在前面谈柱子的时候提起过，由四根柱子组成的立体空间，称为"一间"。传统的平面布局，就是先由"间"组成单体建筑，接下来由单体建筑组成庭院，再以庭院为单元，组合成各种形式的建筑组群，小自住宅、衙署、寺观，大至里坊、村镇、城市，莫不通过这种聚合的平面布局方式，层层扩大，左右延伸扩展，形成整体的恢宏气势。这种平面布局有别于西方建筑和现代建筑。西方建筑和现代建筑都是沿着由小到大、由低到高的方向发展，最终以高大的体量取胜，而中国传统建筑采取由单体建筑到建筑群落、由小群落到大群落的数量扩展方式，以深广的数量取胜。

　　我们在谈某一中国传统建筑时，一般很少讲单体房屋的大小，而总是讲它有多少间房屋，"间"的数量成为衡量建筑规模的最重要的标志。比如，说到北京故宫，人们一般都知道它规模宏大，大大小小的房屋共有8707间（民间流传的数字是9999间，也有说9999间半的），居中国建筑之最。人们一般不太会关心某一宫殿有多高，有多大，比如故宫最重要的宫殿——太和殿，高达28米，面宽11间，进深5间，共有大大小小55个结构间，是中国古代现存单体最大的房屋，但知道这一点的人恐怕不多。但如果你去西方旅游，比如去德国，问一个德国人他们古代最高的建筑是什么，他一定能够告诉你，是科隆大教堂。

　　要说明中国建筑平面构成的规模之大，光举故宫这一个例子似乎是不够的，让我们再来看几个著名的建筑群。比如：河南登封少林寺在最盛时拥有房舍5000余间，杭州灵隐寺约有1300余间，宁波天童寺有900余间，曲阜的孔府有房屋400余间，孔庙则有300余间。中国传统建筑动辄以千间、百间计，通过这些统计，我们对前面所提到的西方人那句感慨"我们占据了天空的一角，而他们却占据了广阔的大地"就会有更深的体会了。

　　中国的传统建筑，就是这样由一座座的单体建筑组合而成。有人也许会担心：这样的布局会不会导致杂乱无章的现象？在古代中国，会不会出现类似克里特岛上的"米诺斯迷宫"那样的建筑？其实这样的担心是多余的。即便是故宫这样一座拥有近万间房屋的庞大建筑群，也丝毫不会给参观者以任何杂乱的感觉，而是规整中有变化，变化中有秩序，充满着一种和谐的气氛。其原因何在？这，应该归功于中国传统建筑中对于中轴对称概念的重视和运用。

据史料记载，早在西周时期，其都城便采用端正的方格网系统，有非常严格的中轴线，王宫居中，左右对称，以体现奴隶主作为"天子"、位居天下中心的权威。

以后的历朝历代基本都延续了中轴对称的传统，除园林建筑外，中国传统建筑大多采用轴线对称的方式，房屋列于四周，中心留出庭院。规模较大的建筑群尤其强调轴线关系，组合形式均根据中轴线来扩展。而扩展的方式不外乎三种，分别是横向扩展、纵向扩展以及纵横双向扩展。

横向扩展是在主要庭院的左右并列几个庭院，以扩大其使用面积。自唐以来常为宫殿、庙宇、衙署和大型住宅所采用，但没有纵向扩展那么普遍。纵向扩展起源更早，在商代便已采用，至今已有3000多年的历史。其特点是沿着纵轴，在主要庭院前后布置若干不同平面的庭院，构成富于变化的纵深空间，四合院与多数庙宇都是沿袭这种方式。纵横双向扩展，是以上两种方式兼而有之，既可构成富于变化的纵深空间，又有左右多座院落陪衬，为规模巨大的建筑组群所采用。明清时期北京的紫禁城就是纵横扩展相结合的典型例子，它能形成秩序严谨、井井有条的庞大建筑群，正是采取纵横双向扩展的结果。

明清紫禁城的中轴线其实比我们想象的要长，达到八千米左右，南自永定门起，北至鼓楼、钟楼止，轴线上依次设置有正阳门、大清门、天安门、端门、午门、太和门、太和殿等六大殿、神武门、景山和地安门，构成了整饬严谨、气势磅礴的建筑序列，这是纵向扩展的方式。中轴线的两旁，布置了天坛、先农坛、太庙和社稷坛等建筑群，体量宏伟，色彩鲜明，与一般市民的青灰瓦顶住房形成强烈的对比。除这些主体建筑外，在中轴线的两侧还有很多次要的附属性建筑，如东西六宫后面的东西五所，慈宁宫后面的西三所，都是采用横向扩展的方式。紫禁城的所有建筑之间，都用回廊或夹道联系，再围之以宫墙，形成宫中有院、院中有殿，既互相联系，又相对独立的组群建筑体系。

皇家的威严——宫廷建筑的布局

◎宫廷建筑的规划——择中论

中国古代宫城的选址和布局，有一个总的原则，那就是所谓的"择中"——即在都城的选址规划、布局中，宫城要居于中心地位。当然，这个"中心"未必是指绝对的中心点，而是指城市最重要、最核心的位置。

我国自古以来就有"尚中"的思想，认为帝王只有居于四方之中，才能"中立不倚"，进一步才能动静不失其时，以不变应万变，最终达到万寿无疆的境界。天子居中心至尊之位，就意味着其替天行道、行事正大光明。因此古代"王者必居土中"的观念是十分强烈的，而这种观念主要是受到儒家中庸思想的影响。

此外，古人也认为，天子居中，方便于国家的治理。如《吕氏春秋·慎势》中就说："古之王者，择天下之中而立国，择国之中而立宫，择宫之中而立庙。天下之地，方千里以为国，所以极治任也。"大意就是：古代的帝王，选择天下的中心来建立都城，选择都城的中心来建立宫廷；选择宫廷的中心来建立祖庙，这样便能很好地治理天下。

早在奴隶社会，都城的规划就贯穿了"择中"的原则。《周礼·考工记·匠人营国》讲的就是周王城的规划，约成于春秋后期，即奴隶制行将消亡的阶段。该书含有不忍视其旧制湮没的怀旧意味，是后世儒家奉为托古改制的经典。书中说："匠人营国，方九里，旁三门；国中九经、九纬，经涂（途）九轨；左祖右社，面朝后市，市朝一夫"，文中所说的左、右、面、后等方位，都是以王宫作为本位而言，王宫在都城的中心无疑。

后来各个朝代基本都承袭了周朝"尚中"的思想。综观历史上的都城，几乎都建立在全城的中轴线上。通常还要以全城气势最宏伟、规模最巨大的建筑群作为全城中轴线的主体。如明清时期的北京城，便以当时的"紫禁城"为核心。皇宫不但占据都城的中心，而且从城市道路、排水、用水、绿化等方面都显示出礼制意义上的"中心"地位。同时，出于宫廷安全的考虑，从春秋开始实行所谓的"里坊制度"，把城内居住区划成许多里坊，里坊内有街巷，四周用高墙围起来，设里正和里卒看管把守，早启晚闭，傍晚街鼓一停，居民就不得再在街上通行，违者罚杖。

汉朝时，只有万户侯的府第不受此限，可向大街开门。这种封闭的里坊制一直延续到唐代。到了北宋，由于城市经济发展迅速，所以取消了里坊，代之以商业街和街巷的布置形式。

帝王死后的陵寝布局也以"择中"为原则。从秦始皇陵到明十三陵、清东陵、清西陵，全都有一条明显的中轴线。秦始皇陵居中，外面有内城、外城两道，中轴线贯穿着陵墓及其内城与外城。明十三陵的每个皇陵不仅本身有中轴线，而且还要选择一个突起的山峰作为陵墓建筑群的视线终点，烘托出帝王的权威和气魄。

◎宫廷建筑的布局——前朝后寝、左祖右社

中国历代的宫廷建筑，大多遵循"前朝后寝、左祖右社"的布局规则。最早关于这一规则的记载见于《周礼·考工记·匠人营国》，书中说："（宫城）左祖右社，面朝后市……内有九室，九嫔居之；外有九室，九卿朝焉。九分其国，以为九分，九卿治之。"在这样的布局中，宫城居于王城的正中，左边设置祖庙，右边设置社稷坛。宫廷在前，市井在后。宫廷里面有九室，供嫔妃们居住；外面有九室，供九卿们处理政务。

其实，早在商朝，帝王宫室就分为处理政务的前朝和生活居住的后寝两大部分。1954至1976年间，考古人员在发掘商中期盘龙城宫殿遗址时发现，宫殿的中轴位置上分布着三座大型建筑。而在中间一座寝宫的前方，是一座大空间的厅堂，应为前朝部分，而后面则明显属于居住区域。这种在一条明显的中轴线上按"前朝后寝"的方式规划的宫殿格局，奠定了此后三千余年宫

廷建筑群的基本结构。

前朝位于宫殿的正前方，是帝王处理朝政的地方，一般以正殿为中心布置成院落。在这里，皇帝作为一国之君，治理天下，故其建筑规模与装饰皆以烘托帝王气象为主，追求森严、崇高。

从战国时代开始，历代帝王宫殿的前朝，一般都要排列三座大殿。不过直到南北朝，三大殿都是横向排列，即正殿居中，另外两殿设于正殿的东西两厢。隋文帝营建大兴宫之后，按周礼的制度，开始沿轴线纵向布置三殿，称为"三朝"：承天门为大朝，大兴殿为日朝，两仪殿为常朝。唐大明宫则以含元殿、宣政殿、紫宸殿为三朝。明初，太祖朱元璋刻意复古，南京宫殿也以奉天、华盖、谨身三殿为"三朝"。明成祖朱棣迁都北京以后，宫殿制度也遵循南京旧例，仍是三殿前后纵列，即将太和、中和、保和三殿作为"三朝"，清代继续沿用。为了进一步渲染帝王气象，三朝之前，一般还会有一层层的门阙。如明代营建的北京故宫，就有大明门、天安门、端门、午门、承天门五重，形成典型的"三朝五门"格局。

可以说，明清时期的故宫在利用宫殿布局来烘托皇帝的权威方面，达到了登峰造极的地步。下面就以故宫为例，来具体说说古代宫廷的布局。

首先是"三朝五门"。五门中的第一门是大明门（清代改称大清门），位于太和殿以南约 1.6 千米的中轴线上。大明门北边以 500 多米长的"千步廊"组成一个狭长的前院，再接一个300 多米长的横向空间，形成丁字形平面，北端就是高耸的皇城正门——天安门，门前配有玉石华表、金水河桥，形成第一个建筑高潮。进入天安门，是一方较小的庭院，尽头就是形式及体量与天安门相同的端门，这种重复，使天安门的形象得到了加强。通过端门，进入一个深300多米的狭长院落，宏伟壮观的午门就在此形成第二个高潮。午门内是太和门庭院，宽度达200多米，至此豁然开朗。过太和门，庭院更大，是一个面积4公顷多（约1000平方米）的近乎正方形的大广场。正中高台上的太和殿有十余座门、楼及廊庑环列拱卫，达到了全局的最高潮。太和殿之后，中和、保和两殿依次排列，延续了自隋代以来宫室前朝部分的一贯布局方式。

自保和殿后的乾清门往北，就是"内廷"，也就是"前朝后寝"中的"后寝"。后寝，是皇帝及其家眷生活起居之处。在这里，皇帝作为一家之长，理家施教，故其建筑风格渐趋柔和、温馨，烘托祥和、安宁的气氛，更显生活气息。故宫包括以乾清宫为中心的中路和左右侧大片嫔妃所居的院落式寝宫。其中乾清宫是皇帝正寝，坤宁宫是皇后所居，明嘉靖时两宫之间又建了一座小殿"交泰殿"，于是成了外三殿与内三殿的布局。紧靠乾清宫东西两侧，即为东六宫、西六宫、乾东五所、乾西五所等嫔妃庭院。这种布置，还附会天象：乾清宫象天，坤宁宫象地，东西六宫象十二星辰，乾东、西五所象众星，形成群星拱卫的格局，其目的无非是夸张皇帝的神圣。

此外，明初热衷于恢复古制，按周礼"左祖右社"的说法，在宫城之前东、西两侧置太庙及社稷坛。太庙用以祭祀列祖列宗。社稷坛则用以祭祀土谷之神。

围合的小天地——四合院的布局

中国住宅建筑的平面布局具有一种简明的组合规律，就是以若干间组成座，以若干座组成庭院，而且这种庭院往往是封闭的。这种封闭的内向性布局，是中国传统建筑布局的明显特征。从城市、宫殿、官邸、民居、寺观、园林建筑实例中都可看出这一点。由于这种内向组合，自然就会在其中形成中心或重点，把一些本属于消极的空间变为积极空间，正应了老子那句古话："当其无，有室之用。"中国古典建筑体系中普遍形成的庭院、庭园，就是这种封闭布局的得益产物，在建筑组群中，它具有锦上添花的别般情趣。

中国的传统住宅，基本都是遵循着组合的内向原则而刻意布局的。四合院正是这种传统住宅的代表，它对外只有一个街门，关起门来自成天地，具有很强的私密性，非常适合独家居住。

四合院广泛存在于大江南北。南方的四合院较小，四周房屋连成一体，称作"一颗印"。这种住宅适合南方的气候条件，通风、采光均欠理想。相比之下，北方的四合院更为古朴、典雅、适用，尤以北京四合院最具典型性。下面便以北京四合院为例，讲一讲这种独特的四合院布局。

北京四合院历史悠久。1272 年，元世祖忽必烈下令迁都北京，开始大规模规划建设新都城。当时，忽必烈将北京城的土地，以"八亩为一分"，分给迁入北京的官员富商营建住宅，北京四合院的大规模形成即由此开始。意大利旅行家马可·波罗来到北京，曾赞美这里的四合院："设计的精巧和美观，简直非语言所能形容。"

　　明清以来，北京四合院虽历经沧桑，但这种基本的居住形式已经形成，并不断完善，更适合居住要求。直到今天，北京仍保留着一些较完整的四合院。以建有前后两院的北京四合院为例，它的布局特点是：大门建在台阶上，进门立有影壁，转过影壁，则进入前院。前院与后院之间隔有两道门，因门槛有木雕莲瓣纹垂花，因此又叫垂花门。过了垂花门就是后院。后院是四合院的主体建筑所在地，房屋大多坐北朝南，比前院高大、宽敞、明亮。

　　中国古代建筑的布局讲究方位，对四面闭合的四合院而言，建筑方位尤为重要。中国有一句古话："向阳门第春先到"，要造房子，其方向以坐北向南为原则，这是在建筑设计中首先要考

北京标准四合院布局示意图

虑的问题。因为坐北朝南的房子易采光，光线明亮，阳光可以从上午9点到下午4点照射入室，居住在房屋之中感觉温暖而舒服。北京人管坐南朝北的房屋叫"倒座"，常年不见太阳，居住等于在阴山背后，所以人们不愿意住这种房子。在一所住宅中，主要的房屋如客厅、明间、卧室、餐厅等等基本上都是向南的。至于厨房、洗手间、浴室、杂物间等次要房屋，则都是面北或面西。四合院内还常栽种石榴、槐、榆等树木，石桌石凳、盆景盆花点缀其中，成为人们理想的单元式住宅。

北京四合院中，坐北朝南的正房一般归长辈人居住，东西两边的厢房为晚辈人所住，佣人则住在南面的倒座房。在封建家庭中，通过对一座住宅中的正房、厢房、倒座房的这种安排，满足了家庭中父母、子女、夫妻的人伦关系。不仅如此，这种位序关系还可扩展至宫殿、寺院等建筑。一座宫殿，可用若干个大小不一的具有位序关系的四合院，来满足帝王家及君臣的人伦关系。在宗教建筑中，出现了"子孙庙"一类，并演化出所谓的"子院"制度。宋代曾规定小型寺院必须依附于大寺院，充其子院，这样便使得佛寺逐渐失去个性，而成为一座座四合院的集合体。

四合院犹如中国建筑群的一个细胞，可以向外生长成一个村落，乃至一座城市。在它的生长过程中，为了解决社会上超越"家"的范畴的、更复杂的人际关系，便出现了建筑等级的划分，通过对建筑分级的划分，来满足各种复杂的人伦关系。

从上述可知，说四合院是中国传统住宅的代表，确实是恰如其分的。

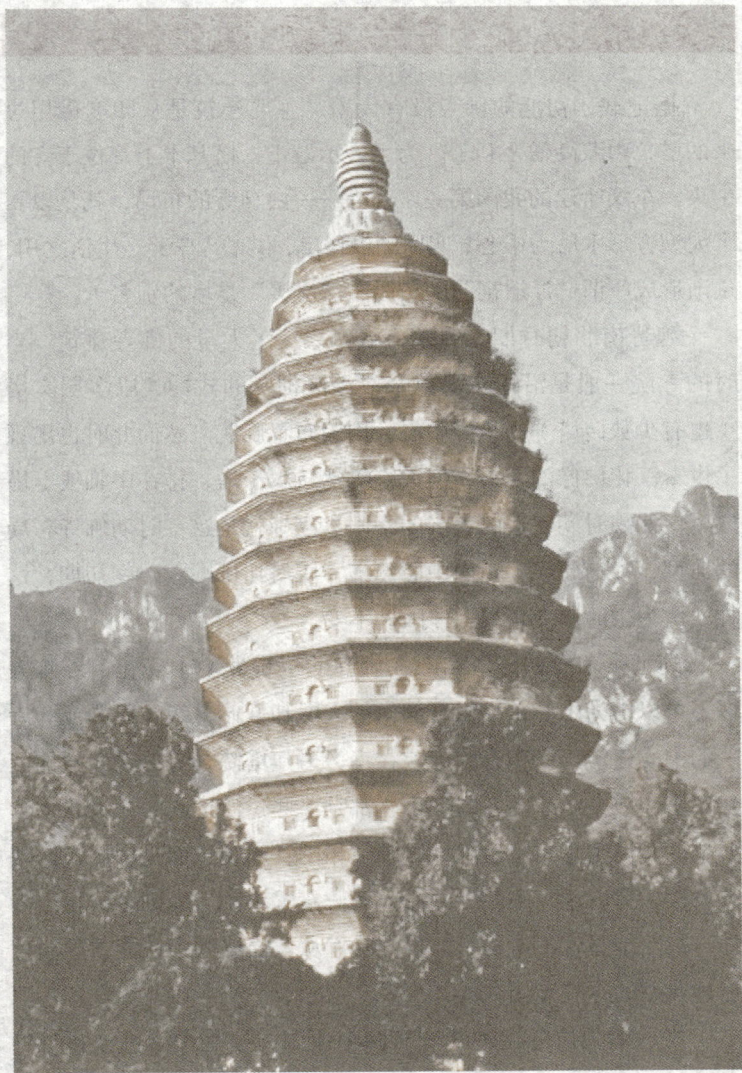

嵩岳寺塔

塔殿之争——寺庙的布局

据记载，初期的佛寺没有大殿，主要建筑是从印度借用过来的塔，内藏高僧舍利子。为了表示敬重，塔基本上都位于寺的中央。东汉所建的我国第一座佛寺——白马寺的布局，就是以一个大型方形木塔为中心，四周围以僧房，供僧人学经、生活之用，逐渐形成所谓"浮屠祠"的布局（"浮屠"是塔的别名）。

魏晋南北朝时期，佛教盛行，兴建了大量的佛寺建筑。当时的寺院一般是沿用东汉以来"浮屠祠"的式样，以多层木塔（也有少数砖塔）为全寺中心，周围布置廊院。然而此时也出现了供奉汉化佛像的大殿，但大殿仍然从属于塔，排在中轴线上塔之后。北魏时期建造的著名的洛阳永宁寺就是这一时期佛寺布局的典型：寺前建门，寺内中心建塔，塔后建佛殿。隋朝初期，这种以塔为主的佛寺布局大体因循不变。

到了隋末唐初，塔和殿在佛寺的位置发生了变化。寺院大多不再以塔为中心，而供奉佛像的大殿却开始升级，逐渐成为寺院的中心建筑。唐初有些寺院在寺旁另建塔院，有些在大殿前面建双塔，或一塔一阁并峙，可能都是一些过渡形式。而大量的、典型的布局则是前殿后堂，以廊院相围，廊院正面是山门，四隅有角楼。另以这个廊院为中心，两侧布置小院。塔则多被排出寺外，甚至干脆就不造塔了。现在我们从敦煌壁画中还能看到唐代这种典型的寺院布局。

塔、殿地位的这种转变有两个原因，一是中国佛教自身的发展引起佛寺布局的变化。唐初，律宗创始人道宣和尚（596—

667）根据我国的具体情况，制出了《戒坛图经》，将以塔为中心的佛寺布局改变为以佛殿为中心的布局，大大影响了后来佛寺的布局。唐末，由于密宗兴起，许多佛寺在大殿后建高阁以供奉佛像或千手千眼观音像，佛寺的重心自然就要后移了。二是中国原有的庭院布局影响了佛寺布局。当外来的建筑来到中国以后，必将被赋予中国的色彩，变成有中国特色的建筑。在古汉语中，佛寺的"寺"字，本来就是"衙署"之意，而衙署就是世俗建筑。东汉时期，来中国传播佛教的伽叶摩腾、竺法兰二人所下榻的所谓"鸿胪寺"，就是当时的一个衙署。此外，自佛教广泛传播以后，有不少高官、富商纷纷把自己的府第、王府舍作寺庙，以示信佛敬佛之心，甚至连帝王行宫也有捐为寺庙的。这样"舍宅为寺"的例子不少，比如著名的嵩岳寺塔所在的嵩岳寺，原名闲居寺，本是北魏宣武帝拓拔恪的离宫，后来拓拔恪的儿子"舍宫为寺"，创建佛塔及千余间堂宇，并且把佛寺布置成园林样式。《魏书·列传逸士·冯亮传》上说此寺"林泉既奇，营制又美，曲尽山居之妙"，因而到唐朝的时候，还曾把这里当作皇帝的行宫。寺院由府第、行宫改建，可想而知，其布局的改变也就是迟早的事情了。

当然，由于我国幅员辽阔，民族众多，寺塔布局的形式千变万化。在唐代以后的一些朝代和个别的地区，也还有一些把塔作为寺院主体的例子。如山西应县佛宫寺的辽代释迦塔（应县木塔），建于辽清宁二年（1056），塔在寺的前部中心位置上，而大殿在塔的后面。这种布局，就保存了早期以塔为主的寺塔布局形式。但是，自唐朝以来，以大殿为寺庙中心的布局已成为主流，塔在寺中的地位已远不如以前了。

北宋是佛教开始衰落的时期，佛寺经济也相对减弱。此时，在佛教中居于统治地位的是禅宗，禅宗主张明心见性，反对包括宗教仪式在内的一切外在形式。这些都导致北宋以后的佛寺建筑走向衰落。但南宋时，江浙地区还建有"五山十刹"，都是当时著名的禅宗寺院。据记载，这些寺院布局是采用所谓的"伽蓝七堂"的型制，至于七堂指代的是哪些殿宇，说法不一。但是，"伽蓝七堂"这种固定的形制，怎么也不像禅宗所为，应是沿用了前代的传统形式。

明清时期，佛教继续衰落，但佛寺布局逐渐定型。此时的寺院，大都有一条突出的中轴线，中轴线上对称布置山门、钟楼、鼓楼、天王殿、大殿，东、西配殿等七座建筑，很可能是附会"伽蓝七堂"的形制。中轴线以外，则灵活安置法堂、方丈、客堂等，大殿后面还通常建有"藏经楼"。此时的寺院还继承唐宋佛寺的传统，往往在寺的后面建设全寺最重要的建筑，如高阁、大雄宝殿、金刚宝座塔、戒坛等等。比如承德外八庙中，大都在寺的前半部采用"伽蓝七堂"的形制，主体部分（包括大殿）则放在寺院的后部，并利用山坡地形，使主体建筑高居于前面大片建筑之上，据说这种布局是藏传佛教（即俗称的"喇嘛教"）教义的一种体现。

阴阳有道
风生水起

故宫博物院

阴阳有道，风生水起

中国的风水文化由来已久，并一直延续至今。数千年来，因风水而引发的争议从未断绝。褒之者将其奉为性命攸关的大事，乐此不疲；贬之者则将其斥为蒙骗取利的邪术，不屑一顾。其实，所谓的"风水"，不过是古人迷失于神鬼与现实之间的一种精神胜利之法，与道教的"长生久视之术"同出一源。然而，它重视环境的选择与改良，在阴阳两道的重重迷雾之中，还微微透出些许真理的光芒。不了解"风水"的人，永远是中国建筑的门外汉。

科学与迷信的杂糅——风水文化

◎风水术的由来

中国的风水术又称堪舆术，是一种从古代沿袭至今的择吉避凶的术数。古人认为，宇宙和人体均是由"气"所生，因而星辰、五谷和人的祸福均与气有极大的关系，正所谓"有气则生，无气则死，生者以其气。"（《管子·枢言》）。因此，古人一定要选择生气旺盛的地方居住或埋葬。风水术的理论，正是以阐释"生气"而架构的。

"风水"一语，最早见于托名晋代郭璞所作的《葬经》，书中说："气乘风则散，界水则止，古人聚之使不散，行之使有止，故谓之风水。风水之法，得水为上，藏风次之。"可见，风水本是古代相地之法的两大要素。

相地之法可能起源于原始部落的营建。在原始社会的早期，氏族部落过着动荡不定的游牧生活，以渔猎、采集为主。到距今约六七千年的仰韶文化时期，母系氏族社会已进入了以农耕为主的经济阶段，于是开始了稳定的定居生活，由此而导致了择地的需求。仰韶文化的氏族村落，都分布在河流两岸的黄土台地上，尤其是河流转弯或两河交汇的地方，更受先民们的青睐。这不仅可以避免洪水的侵袭、方便汲水，而且还适于农业、畜牧、狩猎和捕鱼等生产活动。殷周时期，开始了有文字记载的相地活动。如殷墟出土的甲骨文中就有大量的关于建筑的卜辞，如作邑、作宗庙、作宫室等等。《诗经·大雅·公刘》就介绍了夏末时公刘率周民族进行迁徙，度山川形势与水土之宜，进而规划营宅，使周之先民得以安居生息之事。这一美丽的史诗中提到，公刘越过马莲河，登上董志原，被一望无际的平原沃野所吸引，于是决定在温泉一带建立基地，这就是"逝彼百泉，瞻彼溥原"。此后他决定在南冈建都，这就是"乃陟南冈，乃觏于京"。可见，先民们相信，近水且靠山背风、生机盎然的地方，便是好的居处。后人以相地中风与水这两大要素概括这个理论，便将"风水"一词作为堪舆的代名词。

真正的风水术形成于秦汉时期。此时兴起的阴阳五行学说、易学理论以及谶纬学说为风水术提供了充足的理论与方法。要了解风水术，就必须先来大致了解一下这几种理论的主旨。

阴阳五行学说，是阴阳学说和五行学说的合称，是古人用以认识自然和解释自然的世界观和方法论。阴阳的最初含义是很朴素的，仅仅表示阳光的向背，向日为阳，背日为阴，后来引申为气候的寒暖，方位的上下、左右、内外、运动状态的躁动和宁静等等。西周时代，阴阳观念发展成为包含朴素辩证法的阴阳学说，它的集中表现就是《周易》。《周易》相传为伏羲、文王和孔子所作，它以乾、坤、震、巽、坎、离、艮、兑这八卦象征世界的结构，代表天、地、雷、风、水、火、山、泽八种自然现象，并根据这八种自然现象顺序的变化，用阴阳两种对立势力的互相消长和互相作用来说明万物的形成和变化。

五行指水、火、木、金、土这五种人们最常见的物质。五行学说认为，五行是构成宇宙的基本物质元素，随着这五个要素的盛衰，而使得大自然产生变化，对人的命运也产生重大影响。一般来讲，中国传统文化是以阴阳五行作为骨架的。阴阳消长、五行生克的思想，弥漫于意识的各个领域，影响到中国人生活的一切方面。如果不了解阴阳五行，就无法了解中国古代的风水与建筑选址。

谶纬之学中的"谶"，是用诡秘的隐语、预言作为神的启示，向人们昭告吉凶祸福、治乱兴衰，往往有图有文，所以又称"图谶"。谶的起源很早，可能在春秋战国时代就已经出现了。《史记·项羽本纪》曾记载一则南公所说之谶："楚虽三户，亡秦必楚。"这恐怕是历史上对"谶"的最早记载了。"纬"与"经"

相对，是儒生们以天人感应、阴阳五行、神鬼怪迁等思想对儒家经典进行附会、演绎而成的神秘说教。谶与纬两者形式不同，谶通常是只言片语式的预言，纬则是理论化、系统化的著作。谶纬之学中大量预言、占卜等方式营造出浓厚的神秘色彩，为风水术的形成提供了坚实的土壤。

在这种社会思想背景下，秦汉时期便出现了以相宅看风水为业的堪舆家。《史记·日者列传》记汉武帝请诸术士择日的事情时，已将堪舆家归于术士之列。东汉时期掀起了神学思潮，更使得建筑中各种禁忌与迷信盛行。东汉末期道教的出现，大大推动了风水术的发展。秦汉时期，阳宅（住宅）中已盛行"起宅盖房必择日""太岁头上不能动土"等规则。阴宅（坟墓）风水理论也渐渐形成。例如汉朝大将韩信年轻时家里穷，母亲死了不能在村墓中安葬，韩信就选择高敞的地方埋葬了母亲。后来他功成名就，封为楚王，乡人都认为韩信的发达与母亲的葬地高敞有关。秦汉时期还出现了一批有关风水的专著，如《堪舆金匮》《宫宅地形》《图宅术》《葬历》等等。

隋唐时期，相地活动与风水术日益分化，风水术侧重于看坟地，迷信色彩十分严重。唐代不论是官人还是庶人，只要死了，都要择地择日下葬，这成为一种很普遍的习俗。唐代还设有司天监，监里的官员都懂风水术。

到了宋代，风水术大盛，这与宋徽宗不无关系。徽宗原本膝下无子，有个叫刘混康的术士告诉他，京师西北隅地势过低，如能想办法增高，龙子自然会得，徽宗依计而行，果然得了儿子。从此，徽宗更加相信风水术，并加以大力提倡。宋代人对阴宅风水也十分相信，并形成许多营葬规则。比如，当时普遍认为旧坟地不宜葬，否则对生者不利。钱希白的《小说》记载，宋初有个叫钱文炳的人，他在报恩院侧的松林中选得一穴，准备埋葬刚死去的妻子。有个好心的僧人告诉他，这里曾葬有古圣贤，不可重新营葬。文炳不听，继续在松林中掘地，不久发现数重石板，石中忽然飞出一只黑蜂，对着文炳的右眉一螫，文炳顿时头肿如斗，当晚便死去了。现在看来，钱文炳之死，或许是被毒蜂螫中要害部位所致，但在当时的社会风气下，自然要与风水建立某种关联了。

明清时代，风水术开始在社会上泛滥。不仅帝王之家注重风水，民间也普遍讲究风水，尤以士人为重。《儒林外史》记载，范进的母亲死后，范进请阴阳先生写七单。所谓的"阴阳先生"，其实是职业术士，专替丧家推算殓葬日辰、看风水、相地脉，替人家选择黄道吉日。七单是记载死者入殓时辰，触犯禁例和七七日期的单子。为了"谢风水"，范进花了不少银子。阴阳先生说当年山向不利，范进只好把棺材搁在家里不葬，终日打听风水宝地，以图得到吉祥的后果。

直到今天，仍有不少地区的居民崇信风水，每逢婚丧嫁娶、盖房子、打灶、挖井、选坟地乃至于修桥筑路等，都要请风水先生勘地利，看风水，择良辰吉日。这种风俗千年不衰，积淀为中国颇具特色的"风水文化"。

◎ 风水形势宗的理论

自明清以来，民间流行的风水理论，大致分为两个流派：

形势宗与理气宗。前者重视考察山川形势起止向位，以江西一带的风水先生为主；后者重视阴阳五行八卦生克，以福建一带的风水先生为主。两家之说俱盛行于世，而形势宗流传较广。

形势宗主张所谓的"寻龙捉脉"，即指考察山川形势，有龙、穴、砂、水等相配的讲究。这派风水先生往往将地形地貌的特征形象化，根据不同的形状而命名，以实现"相江山而择吉，晓人有法"的目的。理气宗则将房屋主人的生辰八字与天上星神相对应，并将建筑物的各个部分，分成二十四个方位，依照各自的星位，分出与居住者相对应的吉凶之位。

无论形势宗还是理气宗，都是一种择吉避凶的方术，可做参考却不宜迷信。比较起来，风水的形势宗与现代景观建筑学有相关联的合理成分；而风水的理气宗则更注重个人与天象的关系，迷信成分较多，争议颇大。这里便以形势宗为主，理气宗为辅，简要介绍一下中国古代的风水术。

历史悠久的风水术把大地看作是一个有机体，认为大地各部分之间通过类似于人体的经络穴位相贯通，而"生气"便沿经络而运行。如《水龙经·水法篇》中所说："夫石为山之骨，土为山之肉，水为山之血脉，草木为山之皮毛，皆血脉之贯通也。"在上述原则之下，风水界发展了一套十分系统的方法。概括来说，有"先看水口，次看野势，次看山形，次看土色，次看水理，次看朝山朝水"等六项。各家理论虽略有不同，但一般都提到察看地理的五个要素：龙、穴、砂、水、向。这便是风水形势宗所提倡的"地理五诀"。

龙，代表山脉的走向和起伏变化。因为龙擅长变化之术，忽大忽小，忽隐忽现，是人们崇拜的对象。而一般的山势也是变化多端，如《管氏地理指蒙》所说："指山为龙兮，象形势之腾伏。"风水先生将山脉喻为龙，把最主要的山脉直呼作"龙脉"，可谓十分贴切。

在风水先生眼中，龙脉的一项重要功能便是向吉祥地传递生气。风水中代表吉祥地的也有一个称呼，便是"穴"。提起"穴"，令人很自然地联想到洞穴。其实风水中的"穴"并不指真正的洞穴，但在风水中将吉祥地称为"穴"的古老惯例，应该是源于穴居时代人们对于寻找或建造一个理想洞穴的愿望。

风水先生在考察风水穴的特征时，一项必不可少的工作便是考察四周的群山，因为它们的形态和位置决定风水中可利用的生气数量，而且也是吉祥地质量好坏的标志。环绕风水穴的所有山峰均聚集着生气，风水上称其为"砂"。在所有的"砂"中，所谓的"四神砂"最为重要，它们分别为青龙、白虎、朱雀及玄武，位于风水穴的四个不同方位。

"水"是风水学中具有重要意义的元素，特别受风水家的重视。风水理论认为"吉地不可无水"，所以有"未看山，先看水，有山无水休寻地"的说法。风水家认为，水是山的血脉络。所谓的"龙脉"，便在那山环水聚、两水交汇之处，这就是所谓的"水交则龙止"。由于水和山一样千变万化，风水家也将水比作龙，称为"水龙"，风水领域的名著《水龙经》，便是专门讨论水龙寻脉的要旨和法则的。在无山脉可依的平原地区，风水家择地时常常以水代山，有"行到平原莫问纵（山脉），只看水绕是真龙"的说法。

在风水理论中，"气"虽是精髓所在，但它无影无形，在一般人眼中显得神秘莫测。而山和水都是世间有形之物，它们一动一静，一阴一阳，须臾不可分离。其中山主人丁，水主财禄。这是风水家对山、水的一种迷信观念，但其中不乏一定的科学性。因为在现实中，只有山水配合，环境生态才好，人类居住起来才觉得舒适。

当然，风水先生们也承认，完全理想的风水之地是有限的，于是他们提出了一些变通的手法，如只要建筑四周象征青龙、白虎、朱雀、玄武的山水地势，各安其位，也就是好的风水格局了。不过风水宝地也不是人人都可享受的，土地各有其主。《夷志坚》记载说，福建莆田有一块富民的葬地，富民祖先葬于此处，子孙都病了。有个风水先生说，这块地应当卖掉才会断除病根。后来，富民按风水先生的意见迁了坟、卖了地，子孙的病就好了，而买地的一家不仅不生病，还当上了宰相，风水先生说这是"地得其主"的缘故。

应该承认，古代的风水理论并非全是迷信，它自有其合理的部分。它注重协调天、地、人三者之间的关系，选择一种适宜人类生存与繁衍的生态环境。尤其是选择阳宅的理论，合理的成分更大，它格外看重地形、地势、地理、地貌，看重山、水、地质、丘陵、林木等自然环境的和谐统一，追求建筑物与周围环境的和谐融洽，浑然一体，自然天成。这与中国古代的建筑理论不谋而合。中国古代的建筑理论不仅注重建筑物设计、布局的审美特征，注重结构、材料，而且更注重建筑物与环境的联系，力求建筑物与所处环境的协调。

寻龙捉脉——都城、皇宫

在古人看来，都城的选址对整个朝代的兴衰有很大的关系。因此历朝历代开国之初，对都城的选址都非常重视。帝王们若有建新都的想法，往往派遣最得力的大臣，勘察地形与水文情况，主持营建工作。如春秋时吴王阖闾曾委托大夫伍子胥"相土尝水"，建造苏州城。汉高祖刘邦定都长安以后，则由丞相萧何亲自主持营建。

早期都城的选址，较多考虑实际的使用，最重要的是解决水源和运输问题。隋文帝建国后，曾因汉长安故城地下水不宜饮用而另建新城。隋炀帝时期，修建了贯通南北的京杭大运河，在海运与铁路发达以前，大运河始终对京城的供应起着重要作用。隋代以后，中国农业与手工业的中心逐渐由关中与中原移至江淮流域。唐代曾因关中粮食供应不够，朝廷不得不就食于东都洛阳，以至五代以后，都城向东迁移至汴州（今开封），依靠汴河通向江南，以取得京城的供应。

明清时期，更将都城向东迁移，以便与经济中心取得更密切的联系。由于风水术的泛滥，从明初开始，风水之说便在都城、宫殿的选址与营建方面发挥了重要的作用。

明太祖朱元璋打下江山之后，决定建都金陵（南京），在考察都城风水的时候，他可花了不少心思。相传金陵自古就是王气汇集之地。《景定建康志》记载："父老言秦（始皇）厌东南王气，铸金人埋于此。"据传说，秦始皇定都咸阳之后，听一些术士私下议论，说金陵附近王气极盛，甚为不悦，就在此地埋金人以镇王气，"金陵"之名亦由此而来。朱元璋得此风水宝地作为都城，感到非常满意。后来，有风水家向他奏说，金陵城外诸山都面向城内，大有朝拱皇城之意，唯独牛首山和太平门外的花山背对着城垣，不见有朝拱之意，朱元璋为此怅然不乐。传说他曾命刑部的人带着刑具，将牛首山痛打一百棍，又在状如牛首的地方凿了一些石孔，用铁索锁住，使牛首转而朝向城垣，又派人在花山到处砍伐树木，有意让此山寸草不生。

后来，原本镇守北京的明成祖朱棣夺了侄儿建文帝的江山，在南京住了一段时间之后，决定把都城迁到北京。由于是天子所居之所，关系国运盛衰，都城与宫殿的选址自然是马虎不得。在北京紫禁城的营建过程中，始终是严格按照风水观念进行的。

首先，"紫禁城"及其主要宫殿的命名，就是风水理气观的最直接表现。中国的建筑，独具一种"命名"的传统习惯。即对一宫一室，一楼一阁、一门一桥，都根据其方位、功能、寓意、愿望给以"命名"。又因为古人相信天人合一、天人感应，所以在取名时喜欢将天象和人事互相附会，以与这种人天观念相适应。那么，明代的皇宫又为何叫作"紫禁城"呢？原来早在秦汉时期，皇宫就被称为"禁中"，即禁卫森严的地方。秦始皇建咸阳宫，曾以之来象征所谓的"紫宫"，表明是帝王所居的地方。紫宫又叫作紫微宫或紫微垣，原是古代天文学上的名称，是环绕古代被称为"帝星"的北极星周围的十五颗星的总称。到了唐代，出现了"紫宫"与"禁中"合而连用的提法，称为"紫禁城"。明代皇宫延续了这种叫法。另外，紫禁城中主要宫殿的命名，也与风水观念有关。比如乾清宫、坤宁宫即是最典型的例子。《易经》曰：

"乾知大始，坤作成物。"意即："乾"的功能，在于伟大的创始；"坤"的功能，在于继承乾的创始，完成有形的生命。"乾"可以喻天，有"动"和"创始"的特性，所以皇帝居住的地方当以"乾"命名。"乾清"更含有清气浩荡之意。而"坤"可以喻地，有"静"和"负载"的特性，故皇后居住的地方当以"坤"命名。"坤宁"更含有安宁顺承之意。

紫禁城的选址和布局，还集中体现了风水形势宗关于"寻龙捉脉"的观念。

先来说说形势宗的"龙脉"究竟所指为何。按照形势宗的观点，中国的山脉以昆仑山为中心向外延伸，有三条东西向的主要山脉，形成了三大干龙。长江以南为南龙，长江、黄河之间为中龙，黄河、鸭绿江之间为北龙。每条干龙从起点昆仑山到入海又按远近大小分远祖、老祖、少祖，越靠近起点越老，越靠近海边越嫩。风水家认为，老山的生气不足，嫩山的生气才旺，因此寻地当在少祖山寻，不要到远祖山、老祖山寻。除了这三大干龙之外，又有数千条小的山峦，构成一个个脉络清晰的风水格局。每一个好的风水宝地，一般都有与昆仑山相联系的祖山（干龙）作为依托，而少祖山可作为拟建城市、陵墓或建筑的靠山（或称背屏），在少祖山的左右有砂山，构成青龙、白虎左右护佑的格局。在祖山、少祖山与砂山护佑下的这一方宝地，就是风水的"穴"。在穴前的空阔之地，就是风水的"明堂"。在明堂的前方，还有案山与朝山。在东南的巽方，还应该有水流入，构成风水格局中的"水口"。

再来看北京紫禁城的风水有何奥妙。从北京的地理来看，其城市西北有连绵起伏的青山，这就是风水家所称的龙脉。龙脉的中心为少祖山，与昆仑山相联系，成为王气郁积之地。以此起始，引入京城，到达宫殿背后的景山（主山）。主山两翼，左以河流为青龙，右引道路为白虎。主山之前、青龙白虎之间的最佳选点，是万物精华的"气"的凝结点，为龙穴，明堂就应坐落此处。因此，紫禁城实际处于北京城的最佳位置，而明堂太和殿就是龙穴所在，居天下中心。

明清两朝对宫殿建筑的风水都非常讲究。始建于乾隆年间的颐和园，其主要宫殿都按风水观念安排朝向和布局，排云殿就是典型的例子。排云殿处于从佛香阁至"云辉玉宇"牌楼中轴线的中间，傍山依水，背靠苍翠的万寿山，面朝碧绿的昆明湖，风水极佳。殿名也是根据风水祖师郭璞的诗"神仙排云出，但见金银台"中的"排云"二字命名。慈禧太后钟爱此殿，她的六十、七十两次寿典都选择在此举行。

生者安居之法——住宅

在《晋书·列传第六十五》里，记载上党人鲍瑗被"丧病贫苦"所搅扰，于是朋友劝他去请著名术士淳于智占卜一下，好知道是什么原因引起的。鲍瑗原本不信卜筮之事，就说："人生有命，岂卜筮所移！"后来鲍瑗与淳于智偶然见了面，鲍瑗的友人请淳于智为鲍瑗卜一卦。淳于智占卜后，根据所得卦象说："君安宅失宜，故令君困。君舍东北有大桑树，君径至市，入门数十步，当有一人持荆马鞭者，便就买以悬此树，三年当暴得财。"鲍瑗听了他的话，决定一试，于是去集市上买来马鞭，把它挂在大桑树上三年。后来鲍瑗浚井，"得钱数十万，铜钱器复二十余万"，从此家道才兴旺起来。

从这个故事里，我们不难看出古人对住宅风水的重视，在他们眼里，住宅风水的好坏直接关系到整个家族命运的兴衰。举两首诗为证，其中一首是："住宅方圆四面平，地理观此好兴工。不论宫商角徵羽，家豪富贵旺人丁。"意思是说，周围非常平整的地方，各种姓氏的人都可以居住，是吉祥之地。还有一首是："此屋若在大树下，孤寡人丁断不差。招郎乞子家中有，瘟疫怪物定交加。"意思是说，屋在大树之下，这家人就会灾难不断。

至于鲍瑗的"丧病贫苦"与"安宅失宜"究竟有无直接联系，这就很难说清了。但是，现代科学证明，良好的居住环境确实有利于人类的身心健康，促进智力发育。譬如明代的江南地区，山清水秀的自然景观，丰厚湿润的水土气候，孕育了众多的文人才子。明代的二百多名状元、榜眼、探花中，江南竟占一半以上，出现了"东南财赋地，江浙人文薮"的繁荣景象。这除了政治、经济和文化等社会因素外，不能不与江南清秀的自然环境有关，正所谓"物华天宝，人杰地灵"。

其实，早在风水之说产生之前，中国人就已非常重视居住地的选址了。比如在距今六七千年前的仰韶文化时期，人们就将聚居的原始村落选定在邻近水源的河谷台地上，这样既满足了用水的需求，又因为近水地区植物繁茂，也便于渔猎和采集食物。由于台地之间多有断崖沟坎的阻隔，交通不便，于是河谷常常成为村落之间联系的主要通道。所以为了变通方便，村落又多选在河道汇合处，亦即主要通道的交叉口一带。这时的建筑选址，主要是从实用的角度来考虑。

秦汉之际风水术形成之后，风水便成为住宅选址中重要的考察对象，受到人们的重视。《后汉书·艺文志》著录的《图宅术》是早期阳宅风水的代表作品。该书就有"宅相"之说，主要是以主人的姓，看姓的发音，究竟是属宫、商、角、徵、羽等五音中的哪一个，然后来配合所居房宅来论其吉凶，这就是所谓的"五音相宅法"。这种相宅法认为，住宅的本身是无所谓吉凶的，主要看是什么姓氏的人来住，如果主人的姓与住宅的五音相宜便吉利，若不相宜便凶险。"五音相宅"是由阴阳及五行生克的观念衍生的，流行于汉代，衰落于唐代，而到了宋代再次兴起，曾用于勘查皇陵的风水。

今天看来，"五音相宅"显然是一种迷信的风水术，在历史上的影响也并不太大。而较为科学的风水术，则将重点放在考察住宅周围的山水形势上。古人用"负阴抱阳，背山面水"，来概述风水观念中宅、村、城镇基址选择的基本原则和基本格局。

背山，即基址的后面要有马蹄形的山丘为靠背，左右有左辅右弼的所谓次峰。这些山的山形均要优美，并且保持丰茂的植被，而不能是崎岖丑陋的荒山、倾斜的孤山或在山脉背后半掩半露的"窥峰"。山峰轮廓如果没有崎岖不平、丑恶可厌的形貌，则为"吉山"。面水，即基址不远的前方应该有水，针对住宅而言，最好是月牙形的池塘，若是村落、城镇，则最好是弯曲的河流。水应流向与山脉会合的方向以使阴阳二气中和，而且水流要尽量平缓，迂回曲折，切忌平直如线。基址必须建在河的隈曲一边，否则有被河水侵蚀的可能。

具备以上条件的地方，就是最吉祥的地点，也就是所谓的"风水穴"。至于其轴线方向，最好是坐北朝南。民间有俗语说："大门朝南，子孙不寒，大门朝北，子孙受罪。"但是，有时候由于地形所限，不能强求一律坐北朝南，于是风水家们变通说：只要基本符合"背山面水"的格局，轴线是其他方向有时也是可以的，但基址最好地势平坦，而且具有一定的坡度。如果成就这些条件，就形成了一个背山面水基址的基本格局。

这种"背山面水"的选址标准，之所以较为科学，是因为它符合实际的情况。背山可以阻挡冬季北来的寒流；面水可以迎来夏季南来的凉风；向阳可以争取良好的日照；近水则可以取得方便的水运交通及生活、灌溉用水，且适于水中养殖；缓坡则可避免淹涝之害；丰茂的植被则可以保持水土，调整小气候，果林或经济林还可取得经济效益和部分的燃料能源。总之，好的基址可形成良性的生态循环，自然就变成一块吉祥福地。

当然，这种十全十美的风水宝地是相当难求的，往往在山形水势上都会有一定的缺陷，此时为了"化凶为吉"，就必须通过修景、造景、添景等办法，以达到整体景观的完整协调。有时，人们用调整建筑出入口的朝向、街道平面的轴线方向等办法来避开不愉快的景观，以期获得视觉及心理上的平衡，这是消极的办法。而积极的办法也有，如改变溪水河流的局部走向，改造地形，山上建风水塔，水上建风水桥，水中建风水墩等一类的措施，名为镇妖压邪，实际上都与修补风景缺陷及造景有关。

在有些平原地区或距离山水较远的地方，所谓的"背山面水"原则便无法适用了。比如元朝开始营建的北京四合院，由朝廷划分区域兴建，无法求得"背山面水"之利，于是格外注重住宅的朝向、布局等风水问题。四合院的东、西、南、北四方，古代称为"四象"，分别与青龙、白虎、朱雀、玄武相配。四个方位加上它们的当中，就形成了东、西、南、北、中这五个方位，并与金、木、水、火、土相配，东方为木，南方为火，西方为金，北方为水，当中为土。这成为中国传统庭院的整体布局，也是中国阴阳五行思想在建筑上的体现。北京四合院还有一个特点：全院以中轴为对称，但大门不与正房相对，而是开在正房方向的东南方向。这是根据风水学说，正房坐北为八卦中的"坎"位，而坐坎宅就必须开巽门，"巽"者是东南方向。古人相信，这种"坎宅巽门"的朝向，能使家族财源滚滚，大吉大利。

死者安息之道——坟墓

中国古代非常重视陵墓的风水，这与古代流行的祖先崇拜及有神论思想有关。古人普遍相信人的死亡只是肉体消灭，而灵魂是永存不灭的。但灵魂也需要一个安息的场所，否则便成为所谓的"孤魂野鬼"。所以在古人眼里，陵墓的风水和住宅的风水同样重要。给自己选择一个风水宝地安葬，是一个人生前就必须操心的事情。

享尽人间富贵的帝王，自然也希望在阴间过上好日子，因此对阴宅风水之说十分信奉，并热衷于挑选陵地。明成祖朱棣就是如此，他刚把都城搬来北京不久，就在北京附近到处寻找风水宝地，好用作自己"驾崩"之后的陵地。为此足足忙活了两年，才找到几处可供挑选的地方。据说，他最先找到了一个叫"屠家营"的地方，觉得周边的自然环境不错，但风水师告诉他，"朱"与"猪"同音，猪进屠家，就要被宰杀，不吉利。于是他又找到"狼儿谷"，可猪旁有狼，更危险，只好放弃。第三次又找到燕家台，但"燕家"和"晏驾"（皇帝死了叫晏驾）谐音，也不能用。最后找到黄土山这块地方，风水师对此地一致加以赞美，明成祖大喜，就降旨圈地方圆八十里作为陵区禁地，改名"天寿山"。他在天寿山下建长陵，死后就埋葬在这里。到明朝末代皇帝崇祯葬在田妃墓中为止，这里共埋葬了十三个皇帝，因而称为明十三陵。

明十三陵三面环山，南面敞开，明堂广大，群山似封若闭，中间水土深厚，而且神道南端左右各有小丘，如同双阙，使整个陵区具有宏伟、开阔的气势，选址应该说是极为成功的。至于这风水宝地究竟给朱棣本人和明王朝带来什么好运，还真没看出来。

要说最迷信陵墓风水的王朝，并非明朝，而是文化繁盛的宋朝。宋朝皇帝普遍迷信"五音姓利"的堪舆术。所谓"五音姓利"，是先把人的姓按五音分配，发音相似某音即归入某音。如将孔、宋、董等姓归入宫音，杨、王、江等归入商音，赵、曹、毛等归入角音，李、毕、狄等归入徵音，刘、苏、余等归入羽音。按风水师所说，五姓与五音、五行、五方结合，可用来推断吉凶福祸。如《图宅术》曰："商家门不宜南向，徵家门不宜北向。"

意思是说凡是姓归入商音的人家，家门不宜向南；凡是姓归入徵音的人家，家门不宜向北。今天看来，"五音姓利"这种堪舆术纯属无稽之谈，但宋朝的历代皇帝却对此深信不疑。

由于宋代皇帝姓赵，赵归入角音，角音在五行属木，按五行相生相克的理论，水生木，木生火，而金克木。风水师们据此得出结论，宋皇墓地最吉利的朝向应该是坐南朝北，万万不能坐东朝西。因此，宋代的巩县八陵都是坐南朝北，这与自古以来墓葬坐北向南，以求"负阴抱阳"的传统大相径庭。因此，宋代大学者朱熹在文章中抨击此事说："今人偏信庸妄之说，全以五音

长陵鸟瞰

尽类群姓，乃不经之甚者。洛、越诸陵无不坐南而向北，固已合于国音矣，又何吉之少而凶之多邪？"两宋统治期间，朝廷屡受外辱，动辄以金钱换取和平，倒是为朱熹的这番话写下了注脚。

对于陵墓的风水，帝王们琢磨天，琢磨地，考虑得实在是太多了，然而他们忽视了另外一个重要因素，那就是"人"。在古代，盗墓对某些人来说是非常不错的营生。在盗墓贼的疯狂劫掠下，古代陵墓到如今已是"十墓九空"，这并非虚言。举个例子，1995年，考古人员在徐州狮子山发掘著名的汉代楚王陵时，在天井中部的填土中找到了一个盗洞，它斜向西北方向，没有丝毫偏差地直通向墓门。盗洞外口小，仅能容身，里面的直径却有九米多。内墓道是由四块一组，共四组墓石严密地堵着，可以清楚地看出当时盗墓人在一组墓石上凿成"牛鼻扣"，穿了绳子连撬带拖将四块各重达六吨的塞石硬拉出墓道，工程之巨令现代人都难以想象。当他们离开时，也不是仓皇逃窜，而是将盗洞填上、堵住，可见当时盗墓者的猖獗与严密的组织性。不过，当年身披"金缕玉衣"风光下葬的楚王，其尸骨被盗墓人所毁，样子实在惨不忍睹，令见者唏嘘不已。

其实，历史上也有个别朝代的帝王们对陵墓并不奢求，那就是元朝。少数民族建立的朝代，不管如何"汉化"，毕竟与中原文化还有隔阂，而且他们吸取了前朝皇帝的陵墓"几经变乱，多遭发掘，形体暴露，甚至坟土未干，其坟墓已空"的教训，转而采取了保密的土葬方式，使后人无法发现其陵所在。这种墓葬制度，比起靡费巨大人力、财力营建皇陵，无疑是一个大的进步。那么元朝皇帝死后是怎样进行入殓、埋葬的呢？据叶子奇《草木子》一书记载，元朝皇帝死后，不用棺椁，也没有殉葬器，只是用"枕木二片，凿空其中，类人体形大小合为棺，置体其中"。在下葬前，将一头吃奶的小骆驼宰杀殉葬，至祭时由被宰小骆驼的母亲引导前往，当它发现其子的殉葬地而徘徊悲鸣时，便认出了元帝的葬地，便于后人祭祀。但久而久之，祭祀中断，在茫茫荒漠上，陵地再也无法辨认，后世就很难发现其遗迹了，这也正是如今元代皇陵十分少见的原因。在保护自己的陵墓方面，元朝皇帝可说是最明智的。

世界名园
以斯为母

世界名园，以斯为母

——中国的园林建筑

中国建筑固然施工便捷、装饰精美、布局严谨，但由于受"先王之法"的拘囿，几千年延续下来，其实也并无多少新意。中国古代建筑家的非凡创意，似乎全然献给了园林。园林并非中国人的独创，西方也有不少精美的名园。总的来说，西方园林热衷于人工造作，而中国园林更崇尚自然野趣。古代的中国人，一边呻吟于皇权与父权的威压之下，一边徘徊于入世与出世的两难之间。从某种意义上说，园林已成了他们精神上的归宿。这些"虽由人作，宛自天开"的所在，曾让多少尘世争胜之心，化作了飘然世外的流水轻风。

好山好水入园来——园林的发展

如前所述，中国传统建筑以宫廷建筑为代表，一个最大的特点就是讲求轴线对称，气势虽极其宏伟，有时却难免失于单调、呆板。而与建筑相辅相成的园林，却很好地弥补了这一缺点，反其道而行之，以其"虽由人作，宛自天开"的设计风格，为中国传统建筑写下最精妙的一笔。

在今天，一提起园林，大家可能第一个想到苏州园林。苏州，确实是当今中国最著名的园林之城，但是从整个园林发展史上来看，苏州园林却并非最佳。唐宋时代的洛阳，北宋的汴梁，南宋的临安、吴兴，明代的北京、南京，都是名园荟萃之地。就是到了清中叶，江南一带园林，还数扬州为最佳。现在，就让我们顺历史的脉络来回顾一下中国园林的发展史。

我国的园林历史源远流长。考古资料表明，早在黄帝时期就有所谓的"玄圃"，这应该是中国园林之滥觞。所谓的"圃"，指的是划定一块地方，让自然中的动植物在里头生长繁殖，性质类似于今天的自然保护区。其后，尧、舜二帝均设虞官一职，掌管山泽、苑囿、田猎之事，说明此时苑囿已经普及，而且具有供人狩猎的用途。殷商时期，人们开始在圃中挖水池、筑高台、开鱼塘。这样一来，圃不仅能供人们打猎，还可以供帝王贵族在其中游玩、休憩，愉悦身心。后来周文王经营灵囿，与民同乐，传为千古美谈。由上可知，早期的园林，多为种植果木蔬菜或豢养禽兽的地方，且为帝王所有，其教化的目的也较舒畅身心的目的大。

春秋战国时期，由于受思想界百家争鸣的影响，人对自然的关系，由敬畏逐渐转为敬爱，诸侯造园亦渐普遍。中国园林有了初步的发展。千姿百态、精美绝伦的亭和桥，开始成为园林不可分割的组成部分。到了秦始皇统一中国，建阿房宫及苑囿，规模之宏大与装饰之华丽，可说是前所未有。

汉朝国力强盛，兴建了大规模的苑囿，以汉武帝修建的上林苑为代表。除帝王外，私人也逐渐有能力兴建清新别致的园林。人与自然的关系愈见亲密，私园中模拟自然成为风尚，其卓越代表是袁广汉的茂陵园。

魏晋南北朝，是中国园林史上的一个重要转折时期。由于社会的动荡不安，许多人因厌世而回避现实。他们或皈依佛教，希冀灵性得到解脱；或遁迹山林，追求自然的田园生活。故很多人兴建庭园，作为自然的象征。这些私家园林内建筑不多，一般表现为小堂倚山，平桥临水，茅亭草屋，竹篱柴门，如是而已。这样，就形成了自然山水园的新形式。这一时期的皇家园林，则继承了秦汉以来规模宏大、装饰华丽的传统，典型的代表是魏时扩建的芸林苑。与私家园林相比，它缺乏曲折幽致，空间多变的特点。除了取得长足进步的皇家园林、私家园林以外，此时还出现了寺院园林。佛教自东汉末年传入中国后，在魏晋南北朝时得到了蓬勃发展。佛教徒参禅修炼的时候，要求清静，所以，"深山藏古寺"成为寺院园林惯用的艺术处理手法。泉州的开元寺，即是当时寺院园林的代表。

隋朝统一乱局，皇家的离宫苑囿规模宏大，尤其是隋炀帝在洛阳西北兴建的西苑，更是极尽奢靡华丽。中国苑囿的园林化，经魏晋南北朝时期众多造园家的努力，到隋代已渐趋成熟。其园林的人工造景，已不再局限于亭台楼阁、池沼台殿之类，而是发展到了造山为海的规模。

唐朝是中国造园活动的高峰期，据唐人、宋人笔记记载，唐时洛阳一带的贵族和官僚私园，已在千座以上。中国的园林，由最初的仿写自然美，到魏晋南北朝的掌握自然美，到隋朝的提炼自然美，到唐代的自然美典型化，发展到了写意山水园林阶段。园林将诗画二者完美结合起来，成为立体的诗和流动的画。建造者对园中的每一山、水、树、石和建筑，都要经过仔细的推敲，务求尽善尽美。著名诗人和画家王维，晚年隐居在陕西省蓝田县钟南山下的辋川，于此地设台阁作花园，这就是著名的"辋川别业"。"辋川别业"吸取了诗情画意般的意境，淡雅超逸，耐人寻味。王维亲绘之"辋川图"亦可说是"辋川别业"的设计图。唐朝的皇家园林中，以坐落于骊山的华清宫最具魅力。造园家们利用骊山起伏多变的地形，布置园林建筑，大殿小阁鳞次栉比，亭台楼榭环绕相连，奇花异草点缀其间，集中体现了中国早期的园林特色。

及至宋朝，随着山水画的发展，许多文人、画师不仅寓诗于山水画中，更建庭园并融诗情画意于园中，因此形成三度空间的自然山水园。北宋的寿山艮岳，便集中体现了这一艺术特色。寿山艮岳由宋徽宗赵佶本人构图立意，它继承了中国园林固有的因地制宜的传统，"宜亭斯亭，宜榭斯榭"，同时，在人工造景方面取得了突破性进展。园中有一座假山——艮岳，全部用玲珑剔透的太湖石叠砌而成，堪称中国园林史上的假山之最。另外，寿山艮岳中的宫殿，不再是成群或成组布置，而是顺着地势，依照景点的需要而建，这与唐以前的宫苑，有了很大的区别。

南宋迁都临安，江南造园因而大盛。江南土壤肥沃，水源充足，气候也适宜植物生长。在造园手法上，江南园林更加注意开发和利用原有的自然美景，逢石留景，见树当荫，依山就势，按坡筑亭，效法自然，却又高于自然，因而形成特殊的风格，逐渐成为中国庭园的主流。这种状况，一直延续到明清基本未变。

元朝因是异族统治，士人多追求精神层次的境界，庭园成为其表现人格、抒发胸怀的场所，因此庭园之中更重情趣。此外由于不同的宗教和文化相互交流，为中国的园林事业注入了新的活力。元朝的皇家园林中较著名的有太液池，私家园林中有苏州狮子林。

明朝继承唐宋之余绪，是中国园林艺术发展的鼎盛时期。此时江南园林的设计日趋专业化，已达到了炉火纯青的境界。除江南外，江北也渐渐发展园林，但因自然条件的不足，多为凿方池、架高桥，结构简单。明末造园大师计成不但亲自设计建造了东第园、寤园、影园，而且著有《园冶》一书，对古代造园艺术做出了深刻总结。《园冶》原刊本后来流落日本，对日本的园林产生巨大影响。

到了清代，江南的私家园林继续发展。清中叶以后，苏州园林开始独占鳌头，有"江南园林甲天下，苏州园林甲江南"之说。而其造园手法因乾隆皇帝巡幸江南而被带回京师，用于宫廷苑囿之中。清代园林有两大突出特点：一是园林的布局大多为园中有园。比如说，圆明园中就包括圆明、长春、绮春三园；二是功能逐渐增多。在园林中，人们不仅可以居住、游玩，还可以狩猎、看戏等。有些园林中还设立了商业街，可以供人们购物。总之，中国的园林艺术发展到清代，其特点可概括为：宜游，宜观，宜登，宜居。

中国园林在其发展过程中，形成了包括皇家园林和私家园林在内的两大系列，前者集中在北京一带，后者则以苏州为代表。私家园林包括贵族、官僚、地主、富商的一切私园，也包括附属于官衙、祠庙、寺院的各式园林。由于政治、经济、文化地位和自然、地理条件的差异，两者在规模、布局、体量、风格、色彩等方面有明显差别，皇家园林以宏大、严整、堂皇、秾丽称胜，而私家园林则以小巧、自由、精致、淡雅、写意见长。由于后者更注意文化和艺术的和谐统一，因而发展到晚期的皇家园林，在意境、创作思想、建筑技巧、人文内容上，也大量地汲取了私家花园的"写意"手法。

如今的江南一带，还留存不少古代名园，如苏州的留园、沧浪亭、怡园、拙政园、网师园，扬州的何园、平山堂，无锡的寄畅园、蠡园，上海的豫园，嘉兴的烟雨楼等等，虽然有些已失去当年鼎盛时期的风貌，但仍以其极尽山水之妙的环境情致，吸引着人们前来畅游。

"有亭翼然"——园林中的建筑

园林中的建筑种类繁多，但凡宫室式建筑和居家式建筑体系中常见的单体建筑，都曾出现于园林之中，如皇家园林中就建有殿、堂、楼、塔等建筑。私家园林中一般都有用于正式会客的建筑——厅。不过，园林中最具特色的，也是最常见的还是亭、廊、桥、榭等建筑。

◎ 厅

先说说园内的主要建筑——厅。北方园林的厅多在正背面开门窗，山面则砌墙封闭。而苏州一带的园林则常将厅的内部用隔扇划分为南、北两部，俗称"鸳鸯厅"。苏州拙政园西区南部，就有这样的厅堂：它的南半部称"十八曼陀罗花馆"，冬季可在此欣赏南院花台上的山茶花；北半部称为"卅六鸳鸯馆"，前有水池，夏季可凭栏观看水中荷花及鸳鸯。另一种厅堂四面都设门窗（常是落地隔扇），以观赏厅堂周围景物，称之为"四面厅"，如拙政园中区的远香堂即是。

◎ 亭

亭是中国园林中不可缺少的一种建筑。其特点是周围开敞，造型相对较小，是园林中最常见的一种"点景"手段。亭很早就出现在中国园林中。据说隋炀帝的西苑"其中有逍遥亭，八面合成，结构之丽，冠绝今古"（《大业杂记》），从敦煌莫高窟的唐代壁画中，还可以看到那个时期亭的形象。亭的结构起初比较简单，以四方亭为主，木构草顶或瓦顶。随着建筑工艺的提高，逐步发展出五角、六角、八角等多角形，以及圆形、扇形等形体，形式越来越复杂多样。由于中国古建筑多是梁柱体系的木结构，屋顶的造型和曲线极其优美，很适合亭这类"点景"建筑的需要。在单体建筑平面上寻求多变的同时，又在亭与亭的组合，亭与园内其他景观及建筑物的结合方面大做文章。

亭的最妙之处，还是在它的选址上。在大型园林之中，由于亭可供人赏景和小憩，所以位置多选在主要的观景点处。如北京景山公园的五座小山峰上，各建有一亭。中峰的万春亭不仅位置最高，而且还处于北京城的中轴线上。若站在万春亭中四下眺望，可俯视北京城全景，雄伟辉煌的故宫紫禁城一览无余。而在规模较小的私家园林中，亭则常常成为组景的主体和园林艺术构图的中心。设在风景点的"碑亭"，在亭中立碑刻石题诗，引起游人对园林意境的联想，也是常用的点景手法。

明末计成著的《园冶》一书中，有专节论述亭的形式、构造、选址等。在讨论到亭的位置时，计成认为亭可建于"花间""水际""山巅"等地，"亭安有式，基立无凭"，即亭虽有一定的式样，但没有固定的位置。

◎ 廊

廊是园林中各个单体建筑之间的联系通道，是园林内游览路线的重要组成部分。它既有遮阴蔽雨、休息、交通联系的功能，又起组织景观、分隔空间、增加风景层次的作用。廊在各国园林中都得到广泛应用。

中国园林中廊的形式和设计手法丰富多样。其基本类型，按结构形式可分为：双面空廊、单面空廊、复廊、双层廊和单支柱廊五种。就便于观赏景物的角度而言，以双面空廊最为突出。这种园廊两侧均为列柱，没有实墙，在廊中可以观赏两面景色。按廊的总体造型及其与地形、环境的关系可分为：直廊、曲廊、回廊、水廊、桥廊等。

颐和园中的长廊，代表了中国园廊建筑的最高水平。该廊全长 728 米，共 273 间，是中国廊建筑中最大、最长且最负盛名的游廊，也是世界第一长廊，1992 年吉尼斯世界纪录大全就将其收录在卷。颐和园长廊中间建有象征春、夏、秋、冬的"留佳""寄澜""秋水""清遥"四座八角冲檐的亭子。长廊东西两边南向各有伸向湖岸的一段短廊，衔接着对鸥舫和鱼藻轩两座临水建筑。西部北面又有一段短廊，接着一座八面三层的建筑，山色湖光共聚一楼。这条彩带般的长廊，把万寿山前分散的景点建筑连缀在了一起，沿途穿花透树，看山赏水，美不胜收。

◎ 桥

桥的建造一般与水陆交通有关，然而园林中的桥在艺术上的价值，却往往超过其交通功能。园桥在变换观赏视线、点缀园林水景、增加水面层次等方面发挥重要作用。

在园林中，桥的布置同园林的总体布局、水体面积及水面的分隔或聚合等密切相关。比如，大水面架桥，又位于主要建筑附近的，宜宏伟壮丽，重视桥的体型和细部的表现；小水面架桥，则宜轻盈质朴，简化其体型和细部。此外，桥的体型和位置还要考虑人、车和水上交通的要求。

园桥的基本形式有平桥、拱桥、亭桥、廊桥等几种。

平桥外形简单，有直线形和曲折形两种，尤以曲折形平桥为中国园林所特有，不论折数多少，通称"九曲桥"。其作用是扩大园林的空间感，或者陪衬水上的亭榭等建筑物，如上海城隍庙的九曲桥。

拱桥造型优美，且富有动态感，分单孔和多孔两种。单孔的如北京颐和园玉带桥，桥身用汉白玉，桥形如垂虹一般。著名的颐和园十七孔桥长约150米，横跨昆明湖，丰富了昆明湖的层次。

亭桥、廊桥是加建在亭廊边的桥，可供游人遮阳避雨，又增加桥的形体变化。扬州瘦西湖的五亭桥，多孔交错，亭廊结合，形式别致。廊桥有的与两岸建筑或廊相连，如苏州拙政园"小飞虹"；有的独立设廊，如桂林七星岩前的花桥。苏州留园曲溪楼前的一座曲桥上，覆盖紫藤花架，成为风格别具的"绿廊桥"。

此外，中国园林中还有一种独具特色的园桥——汀步。汀步又称步石、飞石。浅水中按一定间距布设块石，微露水面，使人跨步而过。园林中运用这种古老渡水设施，质朴自然，别有情趣。

◎ 榭

园林中的水榭，是一种供游人休息、观赏风景的临水园林建筑，在设计上，除了应满足功能需要外，还要与水面、池岸自然融合，并在体量、风格、装饰等方面与所处园林环境相协调。

水榭的一部分架在岸上，一部分跨入水中。跨水部分以梁、柱凌空架设于水面之上。平台一般临水围绕低平的栏杆，靠岸部分则建有长方形的单体建筑，建筑面水的一侧是主要的观景方向，常用落地门窗，开敞通透。既可在室内观景，也可到平台上游憩眺望。

水榭的造型一般与水景、池岸风格相协调，屋顶一般为造型优美的卷棚歇山式。建筑立面多为水平线条，以与水平面景色相协调，比如苏州拙政园的"芙蓉榭"。有时还通过设置水廊、白墙、漏窗，形成平缓而舒朗的景观效果。水榭四周，往往栽种一些树木或翠竹等植物，以取得更好的视觉效果。北京颐和园内谐趣园中的"洗秋"和"饮绿"则是位于曲尺形水池的转角处，以短廊相接的两座水榭，相互陪衬，连成整体，形象小巧玲珑，与水景配合得宜。

以上所介绍的几类典型的园林建筑，其布局一般都是因地制宜，"宜亭斯亭，宜榭斯榭"，依自然的山形水势、自由灵活地铺陈排列，不求规整对称的布局，其建筑形象都有一种自然的曲线美。个体建筑的屋顶、屋檐向上翘起，呈柔和优美的反曲面，路、桥、廊也因地制宜地变成曲径、曲桥、曲廊。园林建筑中从平面到空间多变无序的曲线，使建筑与周围的风景环境和谐地组合在一起，营造宁静自然、简洁淡泊，又风韵清新、富有变化的景致，创造出舒适的休闲和欣赏环境。

"虽由人作，宛自天开"——情趣

明代造园大师计成在《园冶》中，曾用八个字道出中国园林的要旨，即"虽由人作，宛自天开"。意思是说，园林虽是由人工所建造，但一定要顺应自然，要有所谓的"湖山真意"。如北京颐和园的"湖山真意"和苏州网师园的"真意"两处景观，均体现着这一意向。中国古典园林崇尚自然，对自然的模仿达到极高的境界。在这里，山是模拟自然界的峰峦壑谷，水是自然界中溪流、瀑布、湖泊的艺术概括，植物也反映着自然界中植物群体构成的那种众芳竞秀、草木争荣的自然图景。

但是，中国古典园林的造景，并非对自然界中某一景物的机械模仿，而是造园家们把自己对大自然的感受，通过石、水、建筑、植物等媒介，艺术地再现出来，因而园林中的山水草木又与自然界中的不同。"一峰则太华千寻，一勺则江湖万里"，一湾溪水，可以给游人一种涉足乡村的印象；几丛峰石，就可以引发游人身临深山的联想。故而，造园过程实际上是一种对自然界高度提炼和艺术概括的再创造。

中国古典园林与西方古典园林在风格方面有很多不同。西方人不像中国人那样，强调园林的自然风貌，而是更偏好于人工的创造。西方园林的地貌一般都是经过人工平整后的平地或台地，水体常是具有几何形体的水池、喷泉、壁泉、水渠等，植物则多为行列式，并且通常是把树木修剪成几何体形或动物体形，把花卉和灌木修剪成地毯状的模纹花坛。相比之下，中国园林"虽由人作，宛自天开"的造园思想，更接近于园林的本质，它让人亲近自然，在欣赏自然景物的同时愉悦身心。

古人对自然山水似乎有着特别浓厚的兴趣，从庭院的片山尺水到庭园相依、庭园一体，他们一步步地将生活情趣与自然景色连在一起来欣赏玩味，普遍向往"梧荫匝地，槐荫当庭，插柳沿堤，栽梅绕屋"的自然而又闲适的生活。这份闲情逸致，反映了古人寄情山水、崇尚自然的生活情趣。古人在园林中体现出的这种自然情怀，与中国传统的思想和文化渊源颇深。

在古代中国，儒、道思想对人们的影响是最大的。儒、道两家都是在中国的土壤上成长起来的。儒家抱有积极参与现实生活的人生观，倡导"礼""乐"，虽然讲究伦理制度，但却并不提倡禁欲性的官能压抑，而是更加追求心态的平衡和心理上的满足。在《论语·先进》"侍坐"章中，就深刻体现了儒家先师孔子的这种观念。当时，子路、曾皙、冉有、公西华四人陪孔子闲坐聊天，孔子让弟子们分别谈谈自己的志向。子路、冉有、公西华三人先谈，三人的志向都是建功立业、勤奋求学一类，孔子只是点头微笑。轮到曾皙的时候，曾皙出人意料地说了这样一番话："莫（暮）春者，春服既成，冠者五六人，童子六七人，浴乎沂，风乎舞雩，咏而归。"意思就是说，我曾皙的志向嘛，就是在暮春时节，穿上春天的衣服，和五六位成年人，六七个少年，到沂河里洗澡，在舞雩台上吹吹风，然后唱着歌儿回家。没想到孔子竟感叹地说："吾与点也！"意思就是，我跟曾点（即曾皙）有同样的想法啊！从孔子对曾皙的赞赏中，我们不难看出儒家在入世之外，内心深处的那种强烈的自然情怀。

和儒家积极入世，渴望建功立业不同的是，道家更强调出世，其"天人合一"的思想，正是对当时阶级压迫、战乱频繁等社会苦难的一种疏导，因此在古代社会也是大行其道。道教中人大多脱离现实生活，入深山修炼，在自然中体验生命的本质。这对历代政治上不得意的文人志士都产生了巨大的影响，为了获得些许情趣上的解脱，他们纷纷求诸宗教，逃避现实，或走进自然怀抱，或把自然引来身边，寄怀抒情，游物养性，把情趣寄托在身外的环境中，寄托在诗之情、画之意、游之景、书之趣中。

可以说，儒、道两家在塑造中国人的生活信仰方面起到了

"互补"的作用。虽然在入世、出世的追求上存在差异，但在向自然中进取，努力与环境融合的这一方面，儒、道两家可说是殊途同归。

但是，山水风光毕竟离现实生活有些距离，不可能日日亲近。很早以前，古人就对自然景物提出过可行、可望、可游、可居的向往，后来有人开始在居处建造园林，把自然引来自己身边，好满足自己的"山水之想"，私园于是大批产生。他们陶醉于园林山水之中，自得其乐，说是恰心养性也罢，孤芳自赏也好，确切一些，恐怕更多还是愤世嫉俗、避隔尘缘的清高思想。在我国漫长的历史长河中，从魏晋南北朝开始，经隋唐而至宋元，文人中这种回归自然的倾向表现得尤为突出，现存的古典私家园林，大多也是他们所遗留下来的。

欲辩已忘言——文化意境

中国园林艺术在自然情趣的追求之上，还有更高一层的追求，即在意境方面的追求。所谓的"意境"，从本质上来讲，是人在审美过程中产生的一种思想境界。

中国园林中产生"意境"这个概念，其思想渊源可追溯至魏晋南北朝时期。受当时战乱纷争的影响，文人墨客大都不问世事，而陶醉于自然，用大量诗文来描写田园生活。如东晋诗人陶渊明写下"采菊东篱下，悠然见南山"的诗句，来描写田园生活中那种恬淡的意境。他的另一佳作《桃花源记》，同样回味隽永："……缘溪行，忘路之远近，忽逢桃花林，夹岸数百步，中无杂树，芳草鲜美，落英缤纷。……欲穷其林，林尽水源，便得一山，山有小口，仿佛若有光。……初极狭，才通人，复行数十步，豁然开朗……"这些诗文虽然不是直指园林，却让后世在创造园林的意境时大受启发。

另据《世说新语·言语》记载，东晋简文帝入华林园游玩，曾环顾左右的人说道，令人心领神会的地方，不一定很遥远，只要是树木荫深，山水掩映，就自然会产生濠水、濮水上的逸兴，觉得飞鸟、走兽、鸣禽、游鱼等生物自会来亲近人。和那些纯粹以兴建大规模苑囿为能事的帝王相比，简文帝可算深谙了园林真意。

唐宋是中国文化的繁盛期，其文艺思潮承袭于魏晋南北朝，崇尚自然之美，出现了山水诗、山水画和山水游记。在这样的时代背景下，园林创作也发生了转折，从以建筑为主体转而以自然山水为主体；以夸富尚奇转向以文化素养的自然流露为设计园林的指导思想，因而园林的意境显得尤为重要。

这一时期的王维、柳宗元、白居易、欧阳修等人既是文学家、艺术家，又是园林创作者或风景开发者。王维素有"诗中有画，画中有诗"之称，他所经营的"辋川别业"，因植物和山川泉石所形成的景物题名，使山貌、水态、林姿的美更加集中地表现出来，成为一座富于诗情画意的自然园林。

元明清时期，涌现了众多的园林创作大师，如倪云林、计成、石涛、李渔等人，他们都集诗、画、园林诸方面高度文艺修养于一身，对园林意境的创造做出了卓越贡献。

英国散文家艾迪生在介绍中国园林时，曾说过这样一番话："他们喜欢在园林设计中显示天才，因而使他们所遵循的艺术隐而不露……乍一看使人浮想联翩，只觉美不胜收，而又不知其所以然。"中国的园林艺术是在中国的文化土壤上孕育出来的，外国人对中国传统文化若了解不深，是很难体会到这种"只可意会、不可言传"的境界的，于是认为中国人是刻意将自己的艺术"隐而不露"的。

其实，中国园林的意境是由人创造而来，自然也是有迹可寻的。但是，由于园林同中国文学、绘画等传统文化联系密切，若没有一定的文艺修养，要捕捉园林中暗藏的意境，实在不是一件容易的事情。王国维在《人间词话》中说意境："境非独谓景物也，喜怒哀乐，亦人心中之一境界。故能写真景物。真感情者，谓之有境界，否则谓之无境界。"这里说的虽是词的境界，但园林的意境，不也正是如此吗？

有人把造园与写诗作文相比，认为两者都必须曲折有法，前后呼应，此话不假。宋代叶绍翁《游园不值》中有"春色满园关不住，一枝红杏出墙来"的诗句，描写了烂漫的春天勃发的生气，不是人力所能掩藏的，虚实相生，情理渗透，令人领悟到无穷意蕴。而中国的古典园林，也无不以追求富有诗文的意境美为目标。如苏州网师园中的"月到风来亭"，其名取意宋人邵雍诗句"月到开心处，风来水面时"，游人若秋夜来此赏月，自会油然而生一种盎然的诗意。

园林之中大多都有楹联点缀。楹联是我国将诗情画意与建筑情趣共生的一绝，别国少有。如颐和园中的"园中园"——谐

118

月到风来亭

趣园，本是仿无锡惠山脚下的寄畅园而造，其正殿的涵远堂便有一联曰："西岭烟霞生袖底，东洲云海落樽前。"颐和园虽在北方，但游人若读到此联，江南的灵秀之气亦会扑面而来。类似这样的楹联，在中国古典园林中俯拾皆是。它能使游人眼前见不到、当时想不到的联外情景，通过寥寥数字或数十字得到体现，并把园林的环境景象引向深邃幽远，令人遐思不断，浮想联翩。它还能使人从联文的书法中去欣赏南帖北碑、四书异体的笔势变化，甚至阴雕阳刻的刀法艺术。这种多样情趣的激发，对环境和建筑关系的理解，似乎比画龙点睛更为深刻。

中国园林也深受中国画的影响。中国画注重"写意"，写意是注入了人的主观感受对自然面貌的浓缩，使之能传自然之神，具有更强的艺术感染力。中国园林要在有限的空间中表达自然之美，就要像绘画那样，用写意的方法将自然再现于园内。计成在《园冶》自序中说："合乔木参差山腰，盘根嵌石，宛若画意"，就是要求所造之园以画入景，富有画意。

当然，中国园林的意境，并非要求时时显现。那些能以一定的频率出现的意境主题，反而更令人印象深刻。如杭州的"平湖秋月""断桥残雪"，扬州的"四桥烟雨"等，只有在特定的季节、时间和特定的气候条件下，才能充分发挥其感染力，这就是《园冶》中所谓的"一鉴能为，千秋不朽"。

总之，中国园林艺术是自然环境、建筑、诗、画、楹联、雕塑等多种艺术的综合，而从这些艺术之中体现出的文化意境，才是中国园林最大的魅力所在。

佛门之花

怒放神州

佛门之花，怒放神州

——中国的佛塔建筑

佛塔来自古印度，是中国为数不多的外来建筑中的一种。佛塔在古印度，不过是埋藏佛舍利的所在，属于纯粹的宗教建筑。而在古代中国则不然，佛教在这里虽然昌盛，但向来以"乐生"著称的中国古人，对于宗教之国的所谓"来世"毕竟兴趣不浓。于是，佛塔自传入东土之后，便渐渐走上了中国化的道路，增加了不少观、游的功能，成为古寺中的一道独特景观。试想，流入中国的佛舍利不过数颗，而中国的佛塔又何止千万？

西域浮屠东土塔——佛塔在中国

佛塔起源于印度，最初兴建佛塔的目的，是用于收藏佛祖释迦牟尼的"舍利（Sarira）"，所谓舍利，即指佛骨、佛发、佛牙等。释迦牟尼死后，他的弟子将佛祖的舍利分成多处，建塔埋葬，因此佛塔在印度梵文中被称为"Stupa"，意译即为"墓冢"。东汉时期，佛教从印度传入中国，佛塔的建造工艺亦随之而来。

在漫长的历史中，佛塔曾被人们译为"窣堵坡""浮屠""方坟""圆冢"等。随着佛教在中国的广泛传播，翻译家才创造出了"塔"字，作为统一的译名，沿用至今。

中国古代建筑与印度古代建筑风格各异，而我国古代工匠也没有全盘接受印度佛塔的形制，而是以我国的亭台楼阁为建筑蓝本，创造出许多新的佛塔风格，使佛塔成为我国特有的一种建筑形式。

中国最早的塔都是木构造的，历史上的第一座木塔位于洛阳白马寺。根据文献记载，东汉永平十年（67），西域僧人伽叶摩腾和竺法兰二人带着佛经、佛像来到洛阳，正式传播佛教。东汉朝廷给二人修建了一个寺院作为居住和传教之用。传说二人是用白马驮经而来的，因而命名为白马寺。当时白马寺中主要的建筑就是一个大型的方形木塔，塔在寺的中心位置，四周廊房围绕。《魏书·释老志》上记载白马寺木塔时说："自洛中构白马寺，盛饰佛图，画迹甚妙，为四方式，凡宫塔制度，犹依天竺旧状而重构之。从一级至三、五、七、九，世人相承，谓之浮图。"最初的白马寺木塔虽然参照天竺（今印度）佛塔的形制建成，但材料却不同，中国人建佛塔就同建楼阁一样，还是以自己熟悉的木材为原料。从白马寺木塔一直到三国徐州的浮屠塔，都是木塔。

木塔的优点在于抗震力强，便于登高远眺，但由于木材不耐久，易受雷击火烧，不利于长期保存，这可以说是木塔的致命缺陷。比如洛阳那座"盛饰浮屠"的白马寺木塔，虽然中看，却不实用，不过百年就毁于雷火。五代的时候又重建了木塔九层，宋代的时候再次毁于战火，于是在金代重修的时候，就放弃了木结构，改建为十三层的方形密檐砖塔。该砖塔保存至今，已历经800多年的风雨，仍然高耸入云。

历史上最大的木塔也在洛阳，它就是建于北魏熙平元年（516）的永宁寺塔。据杨衒之《洛阳伽蓝记》追述，永宁寺塔是木结构，高九层，一百丈，一百里外都可看见。据杨氏所述，永宁寺塔高"一百丈"，合今333米多，比近代的巴黎埃菲尔铁塔还要高出十几米，显然过于夸张。据其他记载，永宁寺塔高度约为四十余丈，如果此言不虚的话，那么，永宁寺塔至少也该在130米以上，不但是中国第一木塔，而且也是中国古代的第一高度，登上塔顶犹如置身云霄，大有飘飘欲仙之感。只可惜，仅仅过了十八年，到公元534年，永宁寺塔便遭雷击起火而焚毁。据说当时洛阳城内"悲哀之声，震动京邑，大火三日不灭"。现永宁寺仅存塔基遗迹。

　　前面说过，中国古人对建筑的坚固程度，往往采取相对的态度，并不要求建筑物千年不朽。但是，佛塔毕竟是宗教建筑，建造者当然是希望保存时间越长越好。看来，木塔是难以实现这一愿望的。于是，随着建筑材料和技术的改进，古塔的结构和形式也不断发生变化。其中一个重要的转变，就是砖石逐渐取代了木材，成为佛塔的主要材料。

　　现存最早的砖塔，是建于北魏正光元年（520）的嵩岳寺塔。嵩岳寺塔为密檐式塔，高达四十米，造型优美，至今仍巍然屹立。嵩岳寺塔还有一大特征，就是它的平面为十二边形，在全国是独一无二的。

　　现存最早的石塔，则是隋朝大业七年（611）建筑的山东历城四门塔，塔身全部用青石块砌成，单层方形，高约十五米，四面各开一半圆形拱门，故称四门塔。隋代佛教相当盛行。隋文帝

应县木塔

　　杨坚为给母亲祝寿，分三年在全国各州建塔一百多座，都是木塔，但最终全部毁于兵火。四门塔是现存唯一的隋塔，同时也是中国最早的亭阁式佛塔。

　　到了唐代，开始普遍用砖石来建造佛塔，木塔则逐渐减少，到 10 世纪以后，新建的木塔已极为稀有了。不过，在辽清宁二

四门塔

年（1056 年），还是诞生了一座著名的木塔——山西应县木塔。应县木塔高 67.13 米，虽不足永宁寺塔的一半，但它已经保存了上千年，是中国木塔建筑中仅存的硕果。应县木塔能免于雷火之灾的原因，据说是它有良好的避雷措施：木塔的塔顶立有一高达十米的铁刹，全为铁杆制成，中间有铁轴一根，插入梁架之内，四周还设置八根铁链系紧，正好起到了现代避雷针的作用。

尽管应县木塔被誉为人类木构建筑史上的奇迹，并享有"天下第一塔"的盛誉，但木塔的时代终究还是过去了，砖石塔开创了新的历史。但与印度等国家的砖石塔相比，中国的砖石塔有一大特色，那就是在砖石砌体上还隐约显示出各种木构件的形象，这就是一般所说的仿木构造。由此可见，木塔的影响并未完全消失。

唐朝国力昌盛，并且广泛吸收外来文化，塔在此时有了很大的发展，保存下来的唐塔约有百余座之多。唐塔的平面多是方形，形式多为楼阁式和密檐式。与后来的塔不同的是，唐塔多不设基座，塔身也不做大片的雕刻与彩绘，塔形古朴、敦实，有唐朝建筑特有的雄浑之美。

宋、辽、金、元时期，佛塔形式发生了巨大的变化，审美观转向了刻意追求细腻、纤秀、精致等外在的物质表现，出现了各种造型灵巧、雕刻精美的小塔。原来还多少保留一点佛教象征的塔刹，也变成了纯装饰的花饰雕刻。繁复满铺的雕刻线脚、刻画入微的仿木构件，都迸发出一股逼人的物质力量。还是以辽代的应县木塔为例，它八角九层，在艺术构图上有着相当严密的几何关系，复杂的木构架把结构机能发挥得淋漓尽致。这一时期，高层砖石塔的建筑结构达到顶峰。料敌塔、小雁塔、千寻塔等达到一流水平。六角形和八角形等多角形砖石塔也大量涌现，一方面增强了抗震的性能，另一方面也扩大了登塔远眺的视野。

自明清两代开始，逐渐产生了文峰塔这一独特的类型。所谓文峰塔，即各地为改善本地风水而在特定位置修建的塔，其修建的目的大致有三，或为了震慑妖孽，或为了补全风水，或作为该地的标志性建筑。文峰塔的出现，使明、清两代出现建塔的高潮，许多塔都是以文峰塔的形态出现的。

在中国历史上，建塔材料主要是木头和砖石，而用其他材料建造的塔则显得弥足珍贵。五代时期修建的广州光孝寺的东西铁塔，是现存最早的铁塔。天下闻名的四川峨眉山铜塔，将中国古代的铜制雕铸工艺发挥到极致。此外，还有金塔、银塔、珍珠塔、象牙塔、珐琅塔、琉璃塔等等。著名的宋代开封铁塔已有900多年的历史，名为铁塔，实际是用琉璃砖所筑，颜色如铁，坚固异常。塔高五十四米多，八角十三层，塔身全部构件用二十八种标准砖型砌成各种仿木结构，飞檐斗拱，色泽晶莹，富丽堂皇。这些质料昂贵的塔，在塔的世界里更显得佛光流溢，多彩多姿。

重峦千仞塔——佛塔的形制

东汉时期，佛塔传来中国，正是高层楼阁蓬勃发展的时候，取得了伟大的成就。由于佛塔是佛寺中最为重要的建筑，于是古代工匠就把佛塔与楼阁结合起来，创造了我国特有的楼阁式塔。

与印度古塔不同的是，我国的楼阁式塔不但供奉佛的舍利，更有登塔远眺的游览功能，这是继承了高层楼阁的特点。登高楼、高塔远眺四极，历来为中国古代文人墨客所好，这方面的诗赋留存甚多。南北朝文学家庾信的《和从驾登云居寺塔诗》就描写了登塔观览山色的情景："重峦千仞塔，危磴九层台。石关恒逆上，山梁乍斗回。"北魏灵太后胡氏在洛阳永宁寺塔完工之后不久，即"幸永宁寺，躬登九层浮屠"。说明在很早的时候，佛塔用作登临眺览已经非常普遍了。

唐宋之时，登塔游览之风更为盛行，西安大雁塔的"雁塔题名"成了书生们追求向往的一桩美事。塔的结构也为了登临的方便而有所改进，如塔内的楼层、楼梯，均需满足登攀和伫立的需要，楼梯坡度尽量便于上下，楼板尽量便于伫立和行走，门窗开口宽大，尤其是每层用平座挑出塔身以外，形成环形游廊，并设立勾栏，人们可以从塔身内部走出来，在游廊之上遍览城镇面貌、山川景色。楼阁式木塔最能发挥这一方面的特点。据说，山西应县木塔一次就曾有数千人登塔眺览。后来的砖石结构塔也仿木构楼阁式塔修建，尽量从各方面满足登塔的需要。

除楼阁式塔以外，古代还有密檐式塔、亭阁式塔、金刚宝座塔等不同形制，这些塔大都不能登临，只是作为一种象征性的纪念物。

密檐式塔与楼阁式塔同为多层塔，从来源上讲，它是从楼阁式木塔发展而来的一个分支。这种塔的最底下一层塔身特别高大，饰以佛龛、佛像、门窗、柱子、斗拱等雕塑镂饰，富丽非常，集中表现了佛教的内容和建筑的艺术手法。其上每一层之间的距离则极短，塔檐紧密相连，没有门窗、柱子等楼层结构，好似重檐楼阁的重檐一样。早期的密檐式塔还设有小型假窗，逐渐小假窗也消失了。有的密檐塔为了内部采光的需要，会在檐与檐之间开设少量的采光小孔。密檐式塔大多不适于登临眺览，如嵩岳寺塔、小雁塔虽然设置了楼梯，还是不适于眺览之用。辽、金以后，密檐式塔都成为实心的了。

亭阁式塔的塔身为一单层的四方形、六角、八角或圆形的亭子，下面建有台基，顶部冠以塔刹。亭阁式塔大多是单层檐，有的在顶上加一小阁，上面建置塔刹。亭阁式塔后来被许多高僧作为墓塔。建造亭阁式塔的巅峰时期在唐代，而现存最早的实物是隋代所建的山东历城神通寺的四门塔。另一著名的亭阁式塔是山东历城的龙虎塔，塔身雕刻非常富丽，堪称佛塔建筑史上的佳作。

金刚宝座塔是佛教密宗的常见塔形。这种塔的特征是在方形宝座上建五座密檐方形石塔。金刚宝座塔集中体现了密教的宇宙观，如九山八海、九会、九曜、须弥山等等。它的基本轮廓和装饰构图多仿自印度菩陀迦耶大塔，但传到中国以后，又结合中国的传统建筑如汉的明堂、北魏的某些佛塔等，有不少变化发展，也创造了不少新形式。金刚宝座塔在我国敦煌石窟的隋代（581—618）壁画中已经出现，现存最早的实物是北京真觉寺金刚宝座塔，建于明成化九年（1473）。此塔在方形宝座上建五座密檐方形石塔和一个圆顶小殿，这些石塔和小殿的屋檐斗拱等细部构造均采用传统的中国建筑法，塔身上雕刻的四大天王、罗汉、狮子、孔雀八宝等图案都是中国传统的式样，刻工精致，

龙虎塔

构图和谐优美。

　　我国古塔中还有一种较特殊的形式，那就是过街塔。它通常建于街道中或大路上，是与我国古代建筑中城关式建筑相结合而创造出来的塔形，因此，也有不少人把这种塔称为"关"。据佛教典籍的有关记载，建造这样的塔是让过往行人得以顶戴礼佛。因为塔在上面，佛也就在上面，人从塔下通过，就等于向佛行了顶礼。过街塔的出现较晚，元代才陆续开始修建。北京八达岭长城附近的居庸关内，有一座叫作云台的建筑，这就是我国现存最早最大的过街塔遗址。据云台下面石壁的文字记载，台上原来并列建有三座塔，为喇嘛塔式。可惜的是，这座过街塔只剩下塔座，塔身已经毁掉，更像是一座城台了。

万变不离其宗——佛塔的结构

　　塔的结构千变万化，但总的来说，可分为地宫、塔基、塔身和塔刹四个部分。

　　地宫大都建在地面以下，用来埋藏佛的舍利、佛经、珍宝等。安放舍利的器具一般是一个石函，石函内层层函匣相套，舍利就安放在内中一层，有时舍利也安放在金银、玉石制作的小型棺椁内。由于建塔一般都是先挖地宫，然后将塔基覆盖在地宫之上，但是如果地宫防水不好，地下水就很容易渗入地宫。古人不了解这个道理，见某些塔倒了以后有水涌出，就认为塔下是"海眼"，由此出现了"镇海之塔"的传说。

塔基是塔的地面基础部分。早期的塔基比较低矮，也比较简单，唐代以后才有了显著变化，明显地分出基台与基座两部分。基台在下，基座在上，基台低矮而没有装饰，基座则大为发展，日趋辉煌，成为古塔中雕饰最华丽的部分。辽塔、金塔的基座最为突出，大多采取"须弥座"的形式。以北京天宁寺塔的须弥座为例，座为八角，建于一个不高的基台之上。须弥座上不仅有精美的纹饰浮雕，而且在座的最上部周围还刻有仿木构的斗拱、平座栏杆等构件，整个须弥座的高度约占塔高的1/5，成为全塔的重要组成部分。

塔身是塔的主体，各种类型的塔主要是按照塔身来划分的。塔身内分中空和实心两种：实心塔内部结构简单，或用砖石铺砌，或用土夯实填满，或用木骨填入；中空的塔内部结构复杂，分木楼层塔身、空筒式塔身、高台塔身等类别。

木楼层塔身一般四面有立柱，每面三间，立柱上安放梁枋、斗拱，承托上部楼层。每层都有挑出的塔檐、游廊和栏杆，并且有楼梯上下，与一般木结构楼阁的做法类似。空筒式塔身内部好像一个空筒，早期的楼阁式或密檐式砖塔，大多是这种结构。如西安大雁塔、杭州临安功臣塔、苏州罗汉院双塔、嵩岳寺塔、小雁塔等都有这种塔身。高台塔身一般砌成高大的台子，从台子的内部砌砖石梯子盘旋而上，或从外面登上顶端。高台塔身的著名实例有北京真觉寺金刚宝座塔、北京碧云寺塔、呼和浩特慈灯寺金刚宝座塔等等。其他类型的塔还有许多，有的像圆形覆钵，还有以覆钵与楼阁结合的塔身，更有倒栽萝卜式塔身，变化极为丰富。

　　塔刹位于塔顶，本身也是一个小塔，结构上可分为刹座、刹身、刹顶三部分。刹座是塔刹的基础，覆盖在塔顶上，多为须弥座、仰莲座或平台座。刹身的主要形象特征为相轮，也称金盘、承露盘，作为塔的一种标志，主要起敬佛拜佛的作用。刹顶是全塔的顶尖，在宝盖之上，一般为仰月、宝珠所组成，也有作火焰、宝珠的。塔刹一般用金属或砖石制成，各种式样的塔都有，正所谓"无塔不刹"。

千年巨构

煌煌大观

千年巨构，煌煌大观

——中国建筑发展简史

　　中国建筑的历史，由石器时代的酝酿，到夏商周的兴起，经过秦汉魏晋等朝代的发展，至唐宋时期形成第一个高潮，再经过金元的短暂过渡，终于在明清时期达到了光辉的顶点。然而，到了清末，随着封建皇权的灰飞烟灭，以宫殿、坛庙为代表的中国传统建筑难免江河日下。钢筋混凝土逐渐占据了城市的空间，只将城市的一角留给了对传统仍满怀敬意的人们。中国建筑的变迁之路，这一走就是数千年。

挖土为穴、构木为巢

　　我国古代文献《易经·系辞》中曾记载说："上古穴居而野处，后世圣人易之以宫室，上栋下宇，以待风雨，盖取诸大壮。"这里所指的"穴居"，是旧石器时代原始人类的一种居住方式。"穴居"也分成前后两个阶段：前一个阶段，人们只住在天然的洞窟里；而在后一个阶段，人们学会了自己挖掘洞穴来居住。

　　从我国境内的原始人对天然洞窟的选择中，我们能看出他们也有一定的选址观念。在当时的原始人看来，适合居住的洞穴，应该满足这样的条件：首先，它应该接近水源，以方便汲取生活用水和渔猎；其次，洞口要高一些，以防止被水淹到；再次，洞内必须干燥一些，以利于生活；最后，洞口不应该朝向寒风吹来的方向。

基于上述条件，原始人居住的天然洞穴，一般为钟乳石较少的喀斯特溶洞，且大都位于湖滨或河谷地带，洞口一般高出水面二十米以上。至于洞口的朝向，则基本都是背着寒风的，极少有朝向东北或北方的。最后这一点，仍是现代建筑中被普遍遵守的规则之一（当然，洞口已经变成了大门）。另外，从原始人的生活遗迹可以看出来，他们日常使用的主要是接近洞口的部分，因为这一部分比较干燥，而且有充足的空气，利于生存。比如距今约 18000 年的"山顶洞人"，将洞窟的前部做集体生活起居使用，而洞窟内部的低凹部分则用于埋葬死者。

再后来，原始人基于居住自然洞穴的经验，逐渐学会了由自己来挖掘洞穴。他们最初掏挖横穴作为栖身之所。黄土地带的台地断崖，正是制作横穴的理想地段，因此成为穴居人类最早的聚居地。横穴是保持黄土自然结构的土拱，比较牢固安全，并可满足遮荫蔽雨、防风御寒的初步要求，是最为简易、经济的一种穴居方式。横穴出现一段时间之后，就向着竖穴和半穴居的方向转化发展。在竖穴的洞口处，人们会放置一些树枝以遮蔽雨水，并逐渐懂得对洞内的乱石略事修整，还采用一些枝干、叶、茎之类填补穴内的空档以改善栖息条件。此时，在他们的脑海中实际已经萌发了营造观念。

我国的原始地貌和现在的差别并不是很大，北方是具备黄土地带特点的高原地区，而南方则是水网密布的低洼地区。因此，在北方发展穴居的同时，南方则形成了巢居的体系。先秦文献追述建筑的起源，认为是从"有巢氏"教人"构木为巢"开始的。《韩非子·五蠹》中说："上古之世，人民少而禽兽众，人民不胜禽兽虫蛇。有圣人作，构木为巢以避群害，而民悦之，使王天下，号之曰有巢氏"。巢居的原始形态，可推测为在单株大树上架巢——在分枝开阔的叉间铺设枝干茎叶，构成居住面，然后其上用枝干相交构成蔽雨的棚架。若真如此，那它确实像个大鸟巢的样子。

《孟子·滕文公下》说："下者为巢，上者为营窟。"也就是说，地势低洼的地方适合巢居，可以用木材架空起来，地势高的地方可以打洞窟，适合于穴居。巢居与穴居，正是原始建筑发生的两大渊源。

建筑始祖——原始建筑

在前面所说的旧石器时代，先民不过是挖土为穴、构木为巢，这些只能算是建筑的雏形。到了河姆渡文化和仰韶文化阶段，才算出现了真正的建筑。

河姆渡文化因 1973 年在浙江余姚河姆渡村首次发现而得名，它是长江下游发现的新石器时代的早期遗址，距今有近 7000 年的历史。考古人员在遗址中发现了一些木板和木桩。在这些木桩和木板的两端，居然出现了榫卯结合的痕迹。

进一步的考古发现证实，河姆渡人已能将石头加工成锋利的工具，再用这些石制工具去加工木材，在木桩和木板上分别凿出榫卯，使木桩和木板牢固地连接在一起，从而建造自己的房屋。考古人员将这些木板、木桩及木构件进行了复原，展现出当初的建筑形式。这种地上架空的建筑，是最早的"干栏式建筑"。

建筑专家从中国"有巢氏"的传说推断，河姆渡人的干栏式建筑是原始人从树上的巢居向地面居住过渡的一种建筑形式。

1921年，考古工作者在今河南渑池仰韶村，发现了一处新石器时代晚期的村落遗址，将其命名为"仰韶文化"。

仰韶文化的氏族村落，都分布在河流两岸的黄土台地上，据说这主要是为了避免洪水的侵袭。而河流转弯或两河交汇的地方，更是当时人们所喜欢居住的地点。人们为什么要选择这些地点建立村落呢？道理很简单，因为人类的日常生活离不开水，当时的人还不会凿井，考虑汲水的方便，就必须靠近水源居住。其次，这里又是适于农业、畜牧、狩猎和捕鱼等生产活动的好地方。

仰韶文化的村落面积大小是不等的，一般为几万到十几万平方米，这些村落的布局有一定的规律性。以著名的西安半坡村为例，它分居住区、公共墓地和窑场三部分，总面积约五万平方米。临河高地是居住区，排列着四五十座房子。居住区的中心部分，是一面积约为170平方米的近于方形的房子，可能是氏族公共活动的用房。居住区的周围则是一条五六米宽的壕沟，用来防卫，附近便是公共墓地和窑场。

在半坡村那间公共大房子的中心，四根木柱的直径各达四十五厘米，周围壁体内较小的三十三根木柱的直径也有二十厘米左右，从人工斧凿的痕迹来看，当时采伐木料和施工技术已达到较高的水平。

"高台榭、美宫室"——高台建筑

约在公元前 21 世纪，中国历史上出现了第一个奴隶制王朝——夏朝。从夏朝建立开始，经过商朝、西周和春秋，是中国的奴隶社会时期。在这 1600 年左右的漫长岁月中，在中国大地上，华夏先民们创造了灿烂的青铜文化。

这一时期在建筑上的成就，首先是夯筑技术的日益成熟。在氏族解体阶段，由于部落间掠夺战争攻守的需要，夯筑技术得到很快的发展。这种黄土分层夯筑的技术，大大提高了土壤的密实程度和强度。夯筑的居住面可减少潮湿，并且坚硬不易磨损，修整为陡壁仍可牢固、稳定，持久直立，因此首先应用在防御工程上。

当时，由于战争的频繁和武器特别是弓箭射程的改进，使得原始壕堑的防御功能不相适应，遂有突起障碍——城垣的要求。初期城垣的夯筑尚未采用模板，其做法约是夯筑与削减并举，以原有挖掘壕堑的手段弥补夯筑技术之不足，即先夯筑一道土岭，然后修整外坡使之壁立。就地取土筑城自然形成平行城垣的一道壕堑，这样更增加了逾越的障碍，加强了防御性。在工程上，就地土方平衡，也是方便而经济的做法。城壕可以作排水之用，军事经验进一步使其中长期蓄水而形成先秦文献中所谓的"壕池"，亦即后世所谓的"护城河"。

夏商时期，已经出现城郭、大规模的宫室、苑囿、台池、宗庙、陵墓等土木构筑工程。郑州商城和安阳殷墟的遗址中，就有规模较大的宫殿和陵墓。

夯筑技术在周代的时候渐趋成熟。陕西岐山县凤雏村周原西周前期宫廷建筑遗址已全部采用版筑墙体，并有木柱加固，这是目前所知有壁柱加固的版筑墙的最早实例。版筑技术的发明，为宫殿建筑向高大发展创造了技术条件，对确立中国古典建筑土木混合结构体系，起着重要的作用。在《诗经·大雅·绵》中已有关于西周初年周原建设中版筑工程的绘声绘色的描写。如此看来，当时已有一套完整的版筑工具和技术，进而实行了模具的标准化。公元前11世纪，西周实行分封制度后，随着诸侯的逐渐强盛，宫室建筑已具相当规模，逐渐在布局上形成了"前朝后寝"的制度，大小奴隶主还建造了许多以宫室为中心的城市，如镐京、洛邑等。

延至东周前半期的春秋时代，此时的建筑施工已经具备一整套的管理方法，统筹兼顾各个施工环节。据《左传》记载，春秋时的楚国令尹要建造一座沂城，命令主管建城的"封人"来筹措这件事。封人为筑城先后筹备了资金、整理好夯土用的器具——板干，准备了挖土方的工具，计算了土方量以及土方运距的远近，平整了基址，准备了口粮，并请主管部门做了各种计算，然后开工，仅用三十天就完成了工程任务。

在建筑工程施工中，还逐渐形成专业的分工，尤其是木工和土工开始分化，鲁班就是一位著名的建筑木工。建筑装修的发展，又促成了彩绘和雕刻的专业化。建筑装饰中已开始使用如文献中记载的"山节藻棁""丹楹""彩椽"等彩绘、雕刻等美化手段，建筑活动从纯实用逐渐转向对艺术审美的追求。《墨子·辞过》所记"女工作文采、男工作刻镂"，即是这种情况的反映。建筑工程的专业分工，加速了建筑的发展，并使建筑质量得到进一步的提高。

春秋后期，周王权日益衰落，新兴地主阶级在许多诸侯国里相继夺取了政权，中国历史进入了战国时代，并且从奴隶制社会逐步转化为封建社会。铁器的广泛使用推动了生产力的发展，新的生产方式促进了农业、手工业、商业和文化的发展，高台建筑更为发达，出现了砖。同时，在"高台榭，美宫室"的奢靡风气下，各诸侯国的都城和商业城市建设都空前繁荣。如临淄、邯郸、郢等既是诸侯国的都城，又是当时较大的工商业城市。

秦陵汉墓——砖石建筑

战国后期，西方的秦国逐步兴起强盛。公元前221年，秦始皇灭六国，建立了我国历史上第一个中央集权的封建帝国。秦朝刚建立，便兴起了大规模的建筑活动。史书记载，当年秦始皇"修驰道、筑长城、造陵墓、建阿房宫，徙天下富豪十二万户于咸阳"。他把六国不同的建筑风格和技术经验均集中于咸阳，大规模兴建新宫，阿房宫规模之大，可以说空前绝后。

他还征发三十万民众修筑万里长城。另外，秦朝还有一项重大工程，就是骊山陵墓。中国历代统治阶级，对陵墓建造极为重视，以致厚葬成风。秦始皇即位不久，就在陕西临潼骊山开始了大规模的造陵活动，其遗址至今犹存，举世闻名的兵马俑便在秦陵中度过 2000 多年的时光。

汉朝是我国历史上一个重要的王朝，政治强盛，经济发达。社会生产力的发展促使建筑产生显著进步，形成我国古代建筑史上又一个繁荣期。从西汉到东汉的 400 年间，木构建筑逐渐成熟，为后世木构架的几种主要形式：抬梁式、穿斗式和井干式奠定了基础。砖瓦生产和砌筑技术的不断提高，使中国古典建筑三段式（台基、屋身和屋顶）的外型特征基本定型。

西汉在都城长安建造了若干规模很大的宫殿，反映出高台建筑仍然盛行。但是，高台建筑在结构上的局限日益显露，不能适应社会的多种需求。伴随着木结构技术逐渐成熟，楼阁开始更多地采用纯木结构形式，呈现出更为多样的外貌。首先出现的是重楼式。这种形式起始于战国，在汉代得到普遍的发展。重楼式即是由单层构架重叠成楼，利用本身的自重相压挤而保持稳定，平面大多采用方形或矩形，各层柱子不相连属，各成独柱。上下层间的柱轴可以不对称，因此这类楼阁所表现的外观形式非常富于变化。汉代的画像砖、画像石中表现的楼阁，以及坟墓中随葬的明器楼阁都反映出上述构造特点。到了东汉，开始大量使用成组的斗拱，建筑形式更加完善。

汉朝建筑的一个重大成就是砖券结构技术的提高。西汉时，皇亲国戚、达官显贵生前建墓之风兴盛，促使地下空间建造技术有较大的发展。战国时创造的大块空心砖，出现在河南一带的西汉墓中。在洛阳等地还发现用条砖与楔形砖砌拱形墓室，并以企口砖加强拱的整体性。据文献记载，当时已砌出了 4.6 米跨度的砖拱或穹隆，这是在没有高强度的胶结材料作砌筑砂浆的情况下完成的，说明当时的施工技术已相当娴熟。我国的石建筑主要是在两汉，尤其是东汉得到了突飞猛进的发展。其中山东沂南石墓，由梁、柱构成，后面有精美雕刻，是我国古代石墓中有代表性的一例。至于地面的石建筑，主要是墓阙、墓祠、墓表及石兽、石碑的遗物。砖石建筑利于保存的特点，使许多遗址留存至今。

总之，中国古典建筑作为一个独特的体系，在秦汉时期已基本形成。

"南朝四百八十寺"——佛教建筑

魏晋南北朝这 300 多年间，是我国历史上长期分裂动荡的一个阶段，政治不稳定、战争破坏严重。黄河流域遭遇连年烽火，农业生产遭到严重破坏。长江流域的局面则比较稳定，江南生产、文化不断上升。这一时期的建筑，虽然没有两汉时期那么丰富的创造，但随着民族融合以及在文化上的交流，也有了不少新的发展，其中最重要的就是佛教建筑的兴盛。

佛教于东汉初年传入我国，在魏晋南北朝时期，由于统治阶级的大力提倡，开始兴盛起来，一个最直接的表现，就是佛教建筑的繁荣。此时，印度、中亚一带的雕刻、绘画艺术也大量传入我国，使我国的石窟、佛像雕塑、壁画等都有了巨大发展。同时，这也影响到建筑艺术，使汉代比较质朴的建筑风格，变得更为成熟、圆淳。

佛寺、佛塔和石窟是这个时期最突出的建筑类型。中国的佛教由印度传入，因此初期佛寺的结构与布局基本都是模仿印度，而后佛寺进一步中国化，不仅把中国的庭院式木构建筑应用于佛寺，而且使私家园林也成为佛寺的一部分。佛塔是佛寺的重要建筑物，在印度是作为埋藏佛祖舍利的圣墓，供佛徒绕塔礼拜。传到中国后，佛塔和中国已有的各层木构楼阁相结合，形成了中国式的木塔、石塔和砖塔。唐朝诗人杜牧曾用"南朝四百八十寺"的诗句，来描绘这一时期佛教建筑的兴盛。梁武帝是历史上最崇佛的皇帝之一，在他统治期间，都城建康（今江苏南京）的佛寺竟达到 500 多所。十六国时期，后赵皇帝石勒也十分崇信佛教，在国内兴建了许多寺塔。

除大量建寺立塔外，这一时期也还建造了许多规模巨大的石窟寺。石窟寺是在山崖上开凿出的洞窟型佛寺。自佛教传入后，开凿石窟的风气在全国迅速传播开来。最早是在新疆，其次是甘肃敦煌莫高窟（开凿于公元 366 年），以后各地石窟相继出现，大同云冈石窟、洛阳龙门石窟、太原天龙山石窟等都是这个时期的建筑艺术结晶。

魏晋南北朝时期的石窟建筑，为中国的古典建筑和文化留下了丰厚的遗产。概括来讲，这一时期的石窟寺有三种形式。第一种石窟面积较大，一般凿成殿堂式样，本身就是一座或一组殿堂。窟外还往往建有木建筑加以保护，有的石窟还在靠崖处建造木廊，通称为"窟檐"。窟内的顶棚和壁面也大量运用雕琢或彩绘等装饰手法，显得气派不凡。第二种洞窟的面积较小，仅能容一人活动，或干脆就在窟内雕琢佛像，里面不能容人，窟内外的建筑处理非常之少，这类石窟通称为"窟龛"。第三种就是所谓的"摩崖造像"，即沿崖雕造佛像，大者高达几十米，小的一米左右。摩崖造像本身没有什么建筑处理，但其前面往往设有大型木构殿阁，造像成为建筑内部的一个组成部分。不论哪一种石窟形式，在它们前面大都另建有大片的寺庙房屋，使石窟成为寺庙的一部分。如《水经注》记载云冈石窟："山堂水殿，烟寺相望"，今新疆南部许多石窟寺前面仍有寺院建筑遗迹。

石窟中保存大量的历代雕刻与绘画，是我国宝贵的古代艺术珍品，其壁画、雕刻、前廊和窟檐等方面所表现的建筑形象，是我们研究南北朝时期建筑的重要资料。

盛世开元——古典建筑的成熟

隋朝统一中国，结束了南北分裂的局面。但由于第二代皇帝隋炀帝的骄奢淫逸、穷兵黩武，隋朝仅仅存在了三十七年便灭亡了。在中国历史上，隋朝是一个承前启后、继往开来的重要朝代。在建筑上，隋朝注意吸收南朝建筑的优点，把南朝先进的规划和建筑技术引入北方，促进了建筑的发展，进行了规模空前的都城建设和水利建设。

在城市建设上，隋朝兴建了大兴城和东都洛阳城这两座有完整规划、规模宏伟的都城。大兴城是隋文帝时所建，洛阳城是隋炀帝时所建，这两座城均被唐朝所继承，进一步充实发展为东、西二京，是我国古代严整的方格网道路系统城市规划的范例。

隋炀帝时期建造了贯通南北的大运河，促进了后来南北物质和文化的交流与发展，也影响了后来几个王朝都城地址的选择。隋朝还建造了大规模的宫殿和苑囿，尤以陕西麟游县发掘的仁寿宫最具历史价值。此外，河北赵州桥、山东历城神通寺四门塔也是隋朝建造的著名建筑。

唐朝建国之初，吸取隋亡教训，在宫室建设上较为谨慎。在唐朝前期百余年的发展中，形成了国家统一和相对稳定的局面，为社会经济的繁荣提供了条件。到唐中叶开元、天宝年间达到极盛时期，经济持续发展，科技文化成就辉煌，开始进行较大规模的建筑活动，形成了中国封建社会前期建筑的一个高峰。虽然"安史之乱"后唐朝开始衰落，但中国古典建筑此时已经成熟，在建筑技术和艺术方面对后世影响深远。

在城市和宫殿建设方面，唐朝成就最为突出，其都城长安的规划，是我国古代都城中最为严整的。唐高宗在长安东北的高地上兴建的大明宫，是唐代所建最大的宫殿，遗址范围即相当于明清故宫总面积的三倍多。

与前代相比，唐朝的建筑技术有了显著的提高。首先，传统的木构建筑解决了大面积、大体量的技术问题，并逐渐定型化。比如大明宫麟德殿，面积5000平方米，采用了面阔十一间、进深十七间的柱网布置，在前代十分罕见。其次，砖石建筑（尤其是佛塔）大量增加。唐朝以前，佛塔大都是木塔，到唐朝才普遍采用砖石建塔，许多唐代砖石塔保存至今。再次，建筑群处理更趋成熟。唐朝不仅加强了城市总体规划，宫殿、陵墓等建筑也加强了突出主体建筑的空间组合，强调了纵轴方向的陪衬手法，这种手法正是明清宫殿、陵墓布局的渊源。最后，建筑装饰趋向成熟与完善。唐代建筑形成了严整开朗、气魄宏伟的风格。其屋顶舒展平远，门窗朴实无华，色调简洁明快，给人以庄重，大方的印象，达到了力与美的和谐统一。在唐朝广泛的对外交往中，外来的装饰图案、雕刻手法、色彩组合诸方面大大地丰富了中国建筑。很多外来的装饰纹样，经过用中国手法表现，已经中国化，比如当时盛行的卷草纹、连珠纹、八瓣宝相花等。另外，唐朝在斗拱的结构、柱子的形象、梁的美化加工等方面，都对后世建筑

唐大明宫含元殿模型

产生深刻影响。

唐朝的成就还表现在建筑的标准化、模式化方面。为了控制建筑规模，唐朝订立了法规，称《营缮令》，其中规定哪一等级的官吏可以建什么规模的房屋，使用什么样的装饰，在居宅上表现出尊卑贵贱的关系。大明宫、洛阳宫、渤海国上京宫殿，都把主殿建在基址的中心。大明宫以及唐乾陵的遗址表明，这些建筑在规划时均按方一百步（五十丈，折合十七米）的方格为控制网，并且用一定的单位进行度量。这些情况表明，唐朝从城市规划至单体建筑设计，都采用了一整套标准化的模式，大大促进了建筑效率的提高。

五代时期战乱频繁，在建筑上的创造不多，但基本继承了隋唐的建筑形制和风格。在吴越、南唐这些比较安定的时期，还在塔的建造上有所发展。

他乡之石——多元化风格的形成

两宋是我国政治、军事上较为衰落的朝代，屡受辽、金、西夏等少数民族政权的欺凌。但在经济、文化方面，宋朝始终居于绝对的领先地位，出现了指南针、活字印刷术和火器等伟大发明，国内商业和国际贸易也相当活跃，城市空前繁荣，建筑水平也达到了一个新的高度。

随着手工业和商业的发展，两宋的城市结构和布局起了根本变化。北宋都城汴梁（今河南开封）一改唐代的夜禁和里坊制度，开始沿街设市，成为一座繁荣的商业城市。宫寺庙观等建筑在布局上又出现了新的方法，其规模一般较唐代为小，不如唐代那样宏伟壮阔，但艺术形象更趋于柔和绚丽，出现了许多形式复杂的殿阁楼台。两宋时代，由于普遍使用高桌、高椅，更注意扩大室内空间，殿堂的柱子加高，斗拱与柱高的比值较唐代减小了。室内装饰上也有了新的变化，顶部多用藻井，梁上施彩画，这对明清建筑产生重要影响。

宋代砖石建筑的水平也有所提高。此时的砖石建筑主要仍是佛塔，其次是桥梁。宋塔绝大多数是砖塔，石塔数量也很多。这些砖石建筑反映了当时砖石加工与施工技术所达到的水平。这个时期，木构架建筑也达到了一定程度的规格化。公元12世纪初，由李诫编修的《营造法式》，是我国第一部有关建筑设计及技术经验总结的完整巨著，全书主要记录官家大式、大木等做法，经皇帝批准作为官式建筑的规范，对研究中国古代建筑有极其重要的参考价值。

中国自古有欣赏自然风景的传统，汉魏直到两宋都出现过许多皇家园林和私家园林。两宋时期，社会经济得到一定程度发展，统治阶级对人民横征暴敛，生活奢靡，建造了大量宫殿园林。比如宋徽宗营建"艮岳"，从江南搜罗奇峰怪石，水运到汴梁，十艘船连成一"纲"，即所谓"花石纲"，北宋的败亡，于此亦可见端倪。

契丹是西辽河上游契丹族建立的政权，唐末吸收汉族先进文化，逐渐强盛，不断向南扩张，在取得燕云十六州（今河北、山西北部）之后，以蓟城（今北京西南）为燕京，公元847年改国号为辽。辽代利用汉人工匠建造宫殿佛寺，吸收了唐代北方的风格，辽代留下的山西应县佛宫寺释迦塔（简称应县木塔），是我国现存唯一的一座木塔，也是古代木构高层建筑的实例。辽仿木结构建的砖塔多为密檐式。

金国是松花江流域女真族建立的政权，占领中国北部地区以后，吸收宋、辽文化，逐渐汉化，公元1153年在今北京市建造京城中都。金朝征用大量汉族工匠，在建筑上沿袭辽、宋传统，为扩大室内空间，许多建筑开始采用减柱、移柱法。金朝统治者追求奢侈，"工巧无遗力"，砖雕、石雕等极为精巧细致，建筑装饰与色彩也比宋朝更显富丽，弥陀殿的隔扇窗棂就是一个突出的例子。此外，山西应县净土寺大殿三间藻井，用精美的天官楼阁和云龙木雕装饰，全部贴金，也是一个重要例证。金代重视装饰的特点，被明、清建筑所继承。北京永定河上的卢沟桥是金代所建的著名石桥。

蒙古的兴起和对外扩张，从成吉思汗到忽必烈，先后灭亡了西夏、金、吐蕃、大理政权，最后灭南宋，统一中国。公元1271年改国号为大元，定都大都（今北京市），在此建宫殿、修城池、开运河，经营二十余年，使大都成为东亚最大的都市，为西方所向往。大都城是按照汉族传统的都城布局建造的，但是随着各民族的文化交流，藏传佛教（喇嘛教）、伊斯兰教的建筑艺术逐步影响到全国各地。元代的宗教建筑异常兴盛，尤其是藏传佛教得到朝廷提倡后，在北方传播开来。如北京妙应寺白塔，就是一座由尼泊尔著名匠师阿尼哥参加设计建成的著名喇嘛塔。山西芮城的永乐宫是道教建筑，以保存有大面积壁画著称。木架建筑方面，仍是继承宋、金传统，但在规模与质量上都逊于两宋，尤其在北方地区，一般寺庙建筑中，许多构件都极其简化，加工粗糙，用料草率。元朝木架建筑的发展实际处于凋敝状态。

紫禁奇观——古典建筑最后的辉煌

　　明清建筑继汉、唐、宋建筑之后，成为中国封建社会的最后一个高潮。它不仅发展了中国传统的木构架技术，而且在砖石、琉璃、硬木装修陈设上都遗留下很多不朽之作。

　　木结构方面，明清建筑形成了新的定型的木构架。斗拱的比例缩小，屋顶出檐深度减少，柔和的线条消失，而梁柱构架的整体性加强。总体来说，明清建筑的形式精练化，符号性增强，因而呈现出拘束但稳重严谨的风格，不及唐宋建筑的舒展开朗。明代的官式建筑形制、装修已高度标准化、定型化，到了清代则进一步制度化，清廷颁布了《工部工程作法则例》，作为官式建筑的规范，但是，民间建筑之地方特色仍然十分明显。

　　明朝由于制砖手工业的发展，补建和增修了万里长城，为保存古代这一伟大建筑做出贡献。全国范围内用砖建的房屋也猛然增多，且城墙基本都以砖包砌，大式建筑也出现了砖建的"无梁殿"。与此同时，琉璃面砖、琉璃瓦的质量提高，色彩更丰富，应用也更加广泛。风水术在明代已达极盛期，这一中国建筑史上特有的古代文化现象，其影响一直延续到近代。

　　此外，明清时期还在各地兴建园林、寺塔。园林中最著名的如北京的圆明园、颐和园，承德的避暑山庄等皇家园林。在江南一带，臣僚富商的私园别墅更是数不胜数。现存的佛寺，多数为明清两代重建或新建，尚存数千座，遍及全国各地。清代崇信喇嘛教，在藏族、蒙古族等少数民族分布地区和华北一带，新建和重建了很多喇嘛寺。这些喇嘛寺造型多样，打破了我国佛寺传统单一的程式化处理，创造了丰富多彩的建筑形式，是清代建筑中难得的上品。明、清佛塔在造型上很有特点，塔的斗拱和塔檐很纤细，环绕塔身如同环带，轮廓线也与以前不同。由于塔的体形高耸，形象突出，在建筑群的总体轮廓上起很大作用，丰富了城市的立体构图，装点了风景名胜。

明清时期，在建筑组群的布局与形象上更富于变化，一般是院落重叠纵向扩展，与左右横向扩展配合，以通过不同封闭空间的变化来突出主体建筑，其中以明清故宫最为典型。此时的建筑工匠，组织空间的尺度感相当灵活敏锐，南京明孝陵和北京十三陵就是善于利用地形和环境来形成陵墓肃穆气氛的杰出实例。清代建筑更强调简化单体设计，而提高群体与装修设计水平。在清代建筑群实例中，群体布置已达相当成熟的地步，尤其是园囿建筑，在结合地形、空间处理、造型变化等方面都有很高的水平。

明清两朝虽然在形式上为中国传统建筑的成熟创造了条件，但它的封闭意识和自大思想也给建筑的求新带来桎梏和限制，阻碍了中国建筑向更广阔的领域发展。虽然紫禁城宏伟的城墙宫阙在皇家威严中把传统建筑艺术推向了顶峰，但同时也拉开了盛极而衰的序幕。